专家释疑解难农业技术丛书

水牛改良与奶用养殖技术问答

童碧泉 编著

金盾出版社

内 容 提 要

本书由湖北农业科学院畜牧兽医研究所童碧泉研究员编著。内容包括：科学认识水牛，水牛的泌乳性能，水牛的改良与育种，水牛的繁殖，水牛的饲料与营养，水牛的饲养管理，牛奶的初加工，水牛场的建设与管理，水牛常见病的防治9个方面。作者总结多年研究成果和实践经验，以问答形式，深入浅出地阐述水牛养殖关键技术，希望我国水牛养殖业得到进一步发展。本书适合水牛养殖场(户)技术人员和农业院校相关专业师生阅读参考。

图书在版编目(CIP)数据

水牛改良与奶用养殖技术问答/童碧泉编著．-- 北京：金盾出版社，2011.3
(专家释疑解难农业技术丛书)
ISBN 978-7-5082-6711-1

Ⅰ.①水… Ⅱ.①童… Ⅲ.①水牛—饲养管理—问答
Ⅳ.①S823.8-44

中国版本图书馆 CIP 数据核字(2010)第 210102 号

金盾出版社出版、总发行
北京太平路5号(地铁万寿路站往南)
邮政编码：100036 电话：68214039 83219215
传真：68276683 网址：www.jdcbs.cn
封面印刷：北京凌奇印刷有限责任公司
正文印刷：双峰印刷装订有限公司
装订：双峰印刷装订有限公司
各地新华书店经销
开本：787×1092 1/32 印张：7.75 字数：166千字
2011年3月第1版第1次印刷
印数：1～6000册 定价：13.00元

前　言

国家对农民购买农业机械实行的补贴政策极大地推动了我国农业机械化的进程，耕牛作为我国传统农业的主要动力被迅速取代，而处于辅助地位。我国南方水稻产区的水牛数量近年来迅速下降，作为我国畜牧业的一项巨大资源今后如何利用已提到议事日程，引起了各级领导和有关部门的重视和关注。

我国牛奶的生产和消费市场主要在北方。中国荷斯坦奶牛难以适应南方气候，造成了牛奶消费不均衡。农业部制订的“全国奶业‘十一五’发展规划和2020年远景目标规划”指出：“南方奶业产区以发展奶水牛业为主。……充分利用引进的摩拉、尼里水牛品种资源，加快我国水牛品种改良和奶水牛良种繁育体系建设，培育适合我国国情的奶水牛品种，为奶水牛的开发利用奠定基础”。规划为我国水牛由役用向乳用方向转化，构建新的奶源基地提供了广阔的前景。我国有2 000多万头水牛，是一笔巨大的财富和奶源，充分发挥其生产力是水牛研究工作者的心愿。笔者已年近耄耋，长期从事水牛研究，在这一伟大工程的鼓舞下，愿将自己的心得和搜集到的资料写成此册，为推进水牛生产献一份绵薄之力。

我国水牛研究的先驱邱膏泽先生、韦文雅先生、刘振华先生等，他们在极其艰苦的条件下，排除各种困难和干扰，为我国水牛研究做出了极其可贵的贡献。邱怀先生生前对水牛研究也极为关心，广泛收集国内外水牛研究资料，写成论文，予以发表，并与笔者多次恳谈和书信往来，提出他个人对我国水牛研究的建议和设想。在前辈们的研究积累和精神鼓舞下，我们当更加奋发努力，把我国水牛研究提高到一个新水平。

本书为科普读物，读者对象主要是饲养水牛和利用水牛挤奶的农民、专业户、基层畜牧技术员、中等专业学校和技术学院的学生。因此，在编写过程中尽量注意到实用性和可操作性，同时也注意到知识性和科学性，读后使之既增长了知识，也能在实践中应用。

我国从事水牛挤奶研究的时间不短，从引进摩拉水牛起，约已半个世纪，但力量很薄弱，积累的资料不多、也不全面，编写过程中深感资料不足，加上笔者水平有限，错误和遗漏之处，实属难免，尚需读者见谅。

在编写过程中，我女儿伟文给予我很大支持，收集整理资料、图片、打印等，都由她进行打理，省出了我许多繁琐事务，得以按时脱稿，甚感欣慰。王林波、杨代清为本书提供了部分图片，在此一并致谢。

编著者

于湖北省农业科学院

目　录

一、科学认识水牛

1. 我国水牛何时驯化？它的祖先是谁？

水牛是我国固有的畜种，现已查明，我国黑龙江、北京、河北、山西、山东、河南、四川等地先后发现，从中更新世到晚更新世以来的水牛化石有 7 处之多，说明我国境内远在 10 万～50 万年以前从南到北就有水牛分布。

中国饲养水牛历史悠久，1977 年 11 月湖南衡阳市郊包家台子出土了一件商代文物铜牛尊，尊为“碧绿色，水牛状，头部有扁平弯曲的角，身躯肥实，四肢粗壮，尾下垂。”可见，距今 3 000～4 000 年的我国商代已饲养水牛，并在人们的生产和生活中占有重要地位。又如湖北省荆州地区松滋县桂花村新石器时代遗址出土了半化石的水牛角和多种谷物种子，距今已有 4 000～5 000 年历史，这说明我国古代饲养水牛与农业生产是联系在一起的。但中国水牛驯化的时间比这还更早，我国考古工作者在新石器时代晚期的良绪文化遗址，发掘出相当数量的水牛骨骸，即为家养水牛的骨骸，距今已有 5 000 多年。在长江下游浙江省余姚县河姆渡文化遗址，也发现有近似家养水牛的骨骸，测定结果，距今已 7 000 多年。这些古文化遗址，不仅有家养水牛的骨骸，同时还发掘出谷物种子，尤其是良绪文化遗址，谷物种子和水牛的骨骸还相当多，这说明早在 6 000～7 000 年前我国祖先在长江流域一带就栽培了水稻，当时也已经驯化了水牛；这也说明我国水牛不只是局限在一个地区驯化发展后再传播到其他地区，而是由若干个地区先后驯化而来。据述“从印度的考古发掘中观察到，水牛的驯化大约有5 000年以上的历史。”可见，我国水牛的驯化稍早于印度，或与印度约同一时期驯化而成。

水牛在动物分类学上属哺乳纲、偶蹄目、反刍亚目、洞角科、牛亚科，亚洲水牛属和非洲水牛属。亚洲水牛属现有3个种，即安诺亚(Anoa)、塔马腊沃(Tamarao)和阿里(Arni)。安诺亚水牛分布于印度尼西亚，又称印尼野水牛，已濒临灭绝。塔马腊沃水牛分布在菲律宾，又称菲律宾野水牛，在民都洛岛可以看到，以小群分布。阿里水牛又称印度野水牛。现分布于印度北部、孟加拉、巴基斯坦、斯里兰卡等地。我国考古工作者在四川发现的水牛化石，经古生物学家鉴定，即为阿里(Arni)野水牛或称印度野水牛(Buballus arne)，距今已有50多万年。阿里野水牛个体很大，高达150～170厘米，体重接近1 000千克。毛色灰黑、深灰或灰褐色，鼻镜及膝下部通常为浅灰色，在颈部和胸上有明显的白色或灰色“V”形带。角很大，两角基部离得很开。角在头颅骨两侧着生，形成130°角，并卷曲成镰刀或新月形，角尖内向。角和颅面部不完全呈水平。母畜的角较细，并常比公畜的长，角平均长约60厘米。我国家养水牛的毛色，角形等特征与这种野水牛极其相似。故中外学者都认为中国水牛即起源于阿里野水牛，亦即印度野水牛(Baballus arne)。因此，中国水牛是在我国境内驯化而成，是我国固有的畜种。国外有学者认为“水牛是从印度次大陆传播遍及全世界的”，显然这种说法是不能成立的。

2. 亚洲水牛分为哪两个类型?

亚洲水牛(Baballus arne 或称 B. arne)按其外形、习性和用途分为 2 种类型,即沼泽型水牛与江河型水牛或称河流型水牛。前者主要生存与沼泽地,喜欢浴水和滚泥,故称沼泽型水牛,我国和东南亚一带的水牛都属于这一类型。后者分布于江河流域,喜欢浴清洁或流动的水,且不滚泥,故称江河型水牛,如印度和巴基斯坦的水牛都属于这一类型。

沼泽型水牛躯体粗重矮壮,身短腹大,通常称之为罐腹。前额平、眼窝突、脸短、鼻镜宽,颈较长,鬐甲显露。腿短细、肩强而有力,但后躯发育较差,尻、荐骨常突出、尾短,仅达飞节。乳房小,向后附着于两腿间。公牛阴茎贴着腹壁,仅距腹壁几厘米悬吊着,或靠阴茎鞘连着脐部,阴囊无颈,松弛时长约 10 厘米。

河流型水牛身躯、脸均较长,胸较窄、较长,腿粗。飞节突出,尻骨极显眼。背脊伸展到整个胸区,然后逐渐隆起。母牛乳房较大。公牛阴茎悬吊在腹下,距离腹壁 15～20 厘米,连接阴茎和腹壁的是从肚脐向后延伸的皮肤皱褶。阴囊有颈,下垂,长 20～25 厘米。

这两个类型的水牛不仅在外形、习性和用途上存在明显差异,而且在染色体、血型和解剖特征上也存在着十分明显的差异。

沼泽型水牛的染色体数为 2n=48,而江河型水牛染色体数为2n=50。沼泽型水牛缺失 1 对最小染色体,但第一对染色体的臂很长,是中部着丝点染色体。但这两个类型水牛染色体的物质量相似,X 染色体都呈棒状、最长,Y 染色体最小。

这两个类型的水牛的杂种一代(F1)染色体数目是49。如果这两个类型的水牛与杂种一代交配,所生的第二代杂种(F2)染色体数为 $2n=48$ 或 $2n=50$,又回到原来的染色体组型。

在血液蛋白多态性方面,这两个类型水牛也存在着根本差异。以运铁蛋白(Tf)为例:沼泽型水牛 Tf 多态性主要受 Tf^A 和 Tf^D 两个显性等位基因控制,基因型为 AA、AD 和 DD 3 种,DD 为优势基因型,而江河型水牛 Tf 受 Tf^D 和 Tf^E 两个显性等位基因控制,基因型为 EE、DE 及 DD 3 种,EE 为优势基因型。表明这两个类型水牛的基因型之间存在差异。

在解剖学方面的不同主要表现在头骨上,其形态和结构都存在明显差异,江河型水牛如摩拉水牛角卷曲似公绵羊角,角突前缘较厚,后缘较薄,呈不明显的三角形,额圆隆。沼泽型水牛如中国水牛角呈新月形,角突前厚后薄,呈明显的三角形,额较平,两眼距之间略凹。额窦结构也不相同,河流型水牛额窦特别发达,额窦深;而沼泽型水牛额窦较浅,颅腔比较圆,容积显著大于江河型水牛。

根据沼泽型水牛和江河型水牛在外形,习性、染色体、血型、头骨解剖学特征、用途(江河型水牛主要为乳用,沼泽型水牛主要为役用)等的不同,现已将这两个不同类型的水牛划分为两个不同的亚种,这样划分对水牛的遗传育种具有重要意义。

3. 中国水牛属哪个类型?有不同的品种吗?

我国水牛按其体型外貌、被毛及头骨解剖学特征、染色体数目($2n=48$)、血型、生物学特性与用途等属沼泽型水牛。

中国水牛数量多、分布广、饲养历史悠久，已形成了不少地方良种，这些地方良种是否不同品种，长期以来我国学术界有着不同的意见。20 世纪 70 年代末中国农业部下达任务给广西畜牧研究所和湖北省畜牧兽医研究所对此进行考察。这两个所牵头组织了当时的中国水牛育种协作组对全国各地方良种水牛按统一的调查提纲进行了一次大范围的全面调查。另外，又组织专家组对分布在不同生态区的地方良种水牛进行实地考察和比较，如沿海地区的上海水牛，江苏海子水牛，云贵高原的云南德宏水牛，四川的德昌水牛，涪陵水牛，长江流域的湖南滨湖水牛，湖北江汉水牛，江西鄱阳湖水牛以及华南热带地区的海南兴隆水牛，广西西林水牛。通过这些调查和实地考察所取得的大量资料，专家组进行统计分析比较和反复讨论，认为这些地方良种水牛没有不同的品种特征，把这些地方良种水牛，划分为不同品种的依据不足。为了慎重，在湖北又召集了全国水牛育种协作组会议，除了各省（自治区、直辖市）参加调查的人员派员参加以外，还邀请了全国从事水牛研究的知名专家参加会议，会议根据全国水牛调查资料充分讨论，达成共识，认为中国各地方良种水牛的外貌特征，体型结构相同，用途相同，生产水平，成熟年龄，生长发育速度相近，染色体数目（2n＝48）相同，有共同的遗传性和生物学特性。因此，目前我国水牛尚无不同品种之分，各地方良种属同一品种，即中国水牛（彩图 1，彩图 2）。

我国各地方良种水牛虽目前尚不具备各自成为独立品种的品种特征，还不能称为品种，但在不同地区形成了不少地方良种，保存这些地方良种资源对今后我国水牛的改良与育种有重要意义。我国地方良种主要有以下几种。

(1)上海水牛　分布于上海市东海之滨的嘉定、宝山、奉县等郊县，平均海拔 3.5 米，河流密布，水源丰富，属海洋性气候，常年气候较凉爽，湿度较大，年平均气温 16℃以上，平均降水量 1 100 毫米。主要种植水稻、棉花、小麦和蔬菜。上海市经济发达，耕地越来越少，农业机械化程度高，水牛数量也越来越少，由于选优去劣，因而上海水牛质量上升，体型大、体躯丰满，四肢结实，皮质良好而富有弹性。公牛平均体高平均 143 厘米，体重平均 650 千克；母牛平均体高 138 厘米，平均体重达 600 千克。

(2)海子水牛 主要分布于江苏北部沿海的大禾、东台、射阳以及响水、如东等县。产区为黄海冲积平原，地势低平，海拔高 4.3 米。土地含盐碱较高，年降水量 1 000 毫米左右，年平均气温 14℃～15℃，无霜期 215 天。公牛体高可达 154 厘米，体重可达 807 千克；母牛体高 132 厘米，体重 626 千克。

(3)温州水牛 分布于浙江省东南沿海的瑞安、平阳、永嘉、东清、金华、台州、宁波等地，当地气候温和，雨量充沛，年平均气温 13℃，降水量 1 600 毫米，无霜期 271 天，有丰富的饲草资源，适于饲养水牛。公牛平均体高 125.1 厘米，体重 505 千克；母牛体高 125.8 厘米，体重 525 千克。温州水牛以泌乳性能良好而著称，泌乳期第一胎平均 213.8 天，二胎以上为 240 天，全期产奶量为 500～1 000 千克，乳脂率 9.5%～10.5%。

(4)江汉水牛 分布于湖北省内长江中下游与汉水下游的江汉平原，包括监利、洪湖、公安、江陵、荆门、京山、钟祥、孝感、鄂州、嘉鱼、阳新、黄石、咸宁、武汉市郊区等县、市，产区地势平坦，海拔 25～40 米，河流湖泊星罗棋布，年平均气温 16℃，年降水量 1 100～1 400 毫米，全年无霜期 250 天。土壤肥沃，牧草繁茂，草质良好，是我国粮棉油重要产区，农副产品丰富，良好的自然环境条件和社会经济条件为江汉水牛形成的物质基础。江汉水牛公牛平均体高127.5厘米，体重545千克；母牛平均体高125厘米，体重526千克。

(5)滨湖水牛 主要分布于洞庭湖滨的澧县、常德、汉寿、沅江、益阳、岳阳、华容、安乡、津市等县、市。产区地势平坦，为冲积平原。年平均气温16℃，雨量充沛，年降水量1 135～1 441.9毫米，全年无霜期为259～277天。产区内拥有大面积的湖滩、沼泽及河川两岸可提供放牧。牧草种类多，生长期长，草质优良。农业发达，农副产品丰富，为滨湖水牛形成的有利条件。滨湖水牛体躯高大、结构匀称，粗壮丰满。公牛平均体高134厘米，体重548千克；母牛平均体高127.6厘米，体重485千克。

(6)鄱阳湖水牛 分布于鄱阳湖四周的12个县、市，其中以鄱阳、都昌、永修、星子等县地域广阔，放牧条件好，为鄱阳湖水牛的主产区。产区为冲积平原，海拔14～18米，气候温暖湿润，雨量充沛，四季分明，年平均气温16.7℃～17.7℃。无霜期210～276天。年降水量1 281～1 635毫米，雨量分布集中在第二季度。每年5月份为洪水季节，洪水期为70～100天，产区土壤肥沃，野生牧草种类较多，生长繁茂，尤其是尖苔群落，包括尖苔、稗、网草等，是湖州主要植被，除洪水期外，终年生长，秋、冬不凋，牛极喜采食，为湖州中最佳牧草群落。辽阔而优良的湖州天然牧场，为鄱阳湖水牛的形成提供了良好的饲养条件。鄱阳湖水牛公牛平均体高122厘米，体重437千克；母牛平均体高121.3厘米，体重420.3千克。

(7)东流水牛 主要分布于安徽省南部沿长江流域的平原和丘陵湖区的东至县。海拔20～50米，年平均气温16.1℃，降水量1 527.2毫米，无霜期240天。土壤肥沃，气候温和，雨量充沛，野生牧草生长旺盛，可长年放牧。公牛平均体高 130 厘米，体重 535 千克；母牛体高 126.1 厘米，体重 478 千克。

(8)德昌水牛　分布于四川西部安宁河流域的冕宁、西昌、德昌、会理、米易等县。沿安宁河流域两岸有宽阔的水草地，适宜放养水牛。产区位于云贵高原北缘，海拔 800～1 200 米，其物候条件以主产区的德昌为例，年平均气温 17.5℃，绝对最高温度为 37.4℃，最低为－3.6℃。年降水量 1 109.8 毫米，无霜期 200～300 天。虽海拔较高，但气候温暖湿润，仍适于水牛的生长繁衍。产区土壤肥沃，多为冲积土壤，适宜各种植物的生长，故野生牧草种类多，生长繁茂，以禾本科为主，其次为莎草科，豆科牧草约占 10％。农作物主要为水稻、小麦、油菜、甘蔗，饲草饲料丰富。成年公牛平均体高 131 厘米，体重 540 千克；成年母牛平均体高 127.3 厘米，体重 483.7 千克。

(9)涪陵水牛　分布于重庆市的涪陵、南川、丰都、垫江及武隆等县，为丘陵和浅山区，海拔 200～800 米，气候温暖湿润，年平均气温 17.5℃；年降水量 1 037～1 161.9 毫米。产区大小河流纵横交错，可作草场使用的荒山荒坡面积达 7 000 公顷，一年四季都能割草喂牛。农作物以水稻、小麦、玉米、红薯为主，农副产品多，饲料饲草充足。山区全日放牧，平坝丘陵区以舍饲为主，割草喂牛，饲养管理比较精细。公牛平均体高 130 厘米，体重 599 千克；母牛平均体高 124.7 厘米，体重 472 千克。

(10)德宏水牛　主要分布于云南省德宏州的潞西、瑞丽等五县一镇以及临沧地区的耿马、镇康等八县一镇。产区的西部与南部和缅甸接壤，是通往南亚的通道。地处横断山脉，地形复杂，平均海拔在 900～1 200 米，属亚热带地区，年平均气温 16.5℃～19.7℃（最低 －5℃，最高 36℃），年降水量 912.8～2 350 毫米，平均为 1 450 毫米，因受印度洋季风影响，有雨季和旱季之分，雨季在 5～10 月份，无霜期长，为 250～300 天，有的地方终年无霜。植物种类繁茂，四季常青。植被属亚热带季风常绿阔叶林和季雨林类型。野生牧草以禾本科为主，可全年放牧。农作物主要是稻谷、小麦，马铃薯次之。经济作物有甘蔗、茶叶、烟草及菠萝、橡胶等。养牛业在该地区占有重要地位，农家有水牛数量的多少是拥有财富多少的象征，也是当地婚丧嫁娶的必需礼品。所有这些自然、社会经济条件都为德宏水牛的形成创造了良好条件。德宏水牛公牛平均体高 131.1 厘米，体重 571 千克；母牛平均体高 126.5 厘米，体重 500 千克。

(11)福安水牛 主要分布于福建省的福安及其周围的霞浦、福鼎、宁德等县，罗源、连江、古田等县也有分布。境内多山，海拔 200 米。气候温和，年平均气温 19.3℃，无霜期 290 天。年降水量 1 600～1 700 毫米，野生牧草四季常青，可终年放牧，农作物主要为稻谷，小麦次之，其他有大豆、甘蔗、油菜等。公牛平均体高 129 厘米，体重 523 千克；母牛平均体高 125 厘米，体重 456 千克。据对 14 头母水牛泌乳性能测定，泌乳期平均为 210 天（150～300 天），泌乳期平均产奶量 519.6 千克。

(12)西林水牛 主要分布于广西壮族自治区的西林、隆林、田林等县。产区为高原山地，海拔 1 000～1 200 米，属亚热带大陆性气候，年平均气温 19.2℃，无霜期 300 天，牧草繁茂，适于水牛生长繁衍。公牛平均体高 126.1 厘米，体重 485 千克；母牛平均体高 120.1 厘米，体重 406 千克。

(13)兴隆水牛　主要分布于海南省东部的万宁、陵水等县。年平均气温22.4℃(2.3℃～39.5℃)，全年无霜，年降水量达2 666.7毫米，四季常青，天然牧草异常茂盛，极其适宜饲养水牛。公牛平均体高129.4厘米，体重503千克；母牛平均体高123.7厘米，体重457千克。

根据这些地方良种水牛的体型和分布地区的生态条件，划分为以下不同类型。

(1)滨海水牛　主要分布于东海海滨的上海郊区和江苏、浙江等省的沿海地区，生态条件相似。其中有著名的上海水牛和海子水牛，是我国大型水牛。成年公牛体重700～900千克，母牛500～600千克。体躯长，体型匀称，肌肉发达，肉用、役用性能较好。温州水牛也属这一类型，虽体型中等，但以泌乳著名。

(2)湖区水牛　主要分布于长江中下游平原湖区，生态条件相同，有湖南省的滨湖水牛、湖北省的江汉水牛、江西省的鄱阳湖水牛、安徽省的东流水牛。这一类型的水牛数量多、分布广，成年公牛体重500～600千克，母牛450～550千克，体躯壮实，属我国中型水牛。

(3)高原水牛　主要分布于云、贵、川等省的高原平坦地区。如四川省的德昌水牛、云南省的德宏水牛、重庆市的涪陵水牛，成年公牛体重500～700千克，母牛480～550千克，亦属我国中型水牛。

(4)华南水牛　主要分布于广东、海南、广西及福建等省、自治区的热带、亚热带地区，如海南兴隆水牛、广西西林水牛、福建福安水牛，体型较小，成年公牛体重450～500千克，母牛350～450千克，属我国小型水牛。

中国水牛虽属同一品种，并划分为上述不同类型，但根据历史习惯，保持现有地方良种名称也是必要的，以便在此基础上，根据各地经济发展的需要，通过选育和改良，育成我国水牛新品种。

4. 我国水牛地理分布及体型特征怎样？有哪些优良特性？

我国水牛分布于北纬 36°以南，东经 97°以东的 17 个省(市)区(包括台湾省)，北至山东的烟台，济南地区，河南的洛阳、罗山，陕西的汉中地区；南至海南岛；西至云南瑞丽，盈江；东至台湾；云贵高原海拔 2 800 米的地方以及西藏的门隅也有水牛分布。分布地区的总面积约 250 万平方千米，为热带和亚热带地区，主要分布在亚热带地区，年平均气温 12℃～29℃，年降水量 800～1 600 毫米，热量充足，雨量充沛，气候温暖湿润，适于水牛生存与繁衍。

我国水牛外貌特征基本相同，体躯粗重、矮壮，身短腹大，额宽而平，眼窝稍突，脸短，鼻镜宽，颈较长，前躯发达，后躯发育较差，尻倾斜，尾段，飞节内靠。乳房发育较差，阴茎鞘紧贴腹壁。蹄大而圆、黑色坚实。角呈新月形居多。毛色以青灰色为多，白毛很少。两眼内角为灰白色，下颌两侧有小簇白毛，颈胸部有 1～2 条灰白色毛带，腹下部毛色较浅呈灰白色。

水牛是我国一个古老的畜种，长期役用，培育和开发利用的程度还很低，饲养管理极为粗放，长期在这样的生态条件下，形成了一些可贵的优良特性。

(1) 耐粗饲、消化能力强，对饲料营养物质的转化效率高，奶的品质好 水牛对饲料中的能量和蛋白质的转化效率高，对粗纤维的消化率是家畜中最高的，能将人类和非反刍家畜所不能利用的青粗类植物饲料和含纤维素高的农副产品转化为人类生活所必需的奶、肉等营养食品。以低质低价的饲料换取高能优质的牛奶，并可加工出世界一流的乳制品。水牛可终年放牧，冬季仅饲喂稻草，饲养水平很低的条件下，仍能正常发育和繁殖。

(2)体质强健、抗病力和适应性强 我国水牛分布范围广，对当地的地理、气候条件都表现出良好的适应能力。体质强健、发病少，很少难产，很少感染焦虫病，在焦虫病流行的地区，水牛不发或很少发病，也不感染疯牛病；在血吸虫病流行区，水牛比黄牛感染率低。

(3)性情温驯，便于管理 我国水牛性情温驯，农村多为老人或小孩放牧，极少发生伤人事件。

(4)易于调教，好使役 水牛在 3 岁左右开始调教使役。调教时一人扶犁，一人牵引。经过 1～2 周的训练，即可独立使役。

(5)记忆力强 对住处有很强的记忆力，有的水牛离家出走十几千米仍能找回原来住处，放牧、饮水、排粪、滚泥、休息都有固定的场所，稍加训练，即可长期保持牛舍清洁卫生。

(6)喜浴水、滚泥 水牛汗腺不发达，最喜欢浴水、滚泥，以此散发体热，调节体温和防蚊、蝇、虻的侵扰。故在夏季炎热或使役时，要注意给水牛浴水，以防中暑。

(7)采食快，反刍时间长 水牛采食快，舌发达，采食牧草时，将舌伸出口腔把牧草卷入口腔，并扯断，稍加咀嚼，形成食团吞入瘤胃。采饲完成以后，多躺下休息并进行反刍。因此，饲养管理中要注意给予休息时间，以便进行反刍。水牛在使役时也可进行反刍，但对饲草的咀嚼可能不充分，而影响对饲草的消化利用。

(8)利用年限长 水牛的自然寿命较长，为20～25岁，因此利用年限也较长，农村可使役到15岁以上。由于水牛寿命长，成熟也较晚，属晚熟品种，性成熟期(初情期)18～24月龄，体成熟期为6～7岁。

5. 国外有哪些优良的奶水牛品种？已引进我国的有哪几个品种？

目前国外著名的乳用水牛的品种主要有摩拉、尼里-拉菲、肯迪、萨蒂以及意大利水牛。这些乳用水牛品种都属河流型水牛，除意大利水牛外，均分布在印度的西北部和巴基斯坦。

(1)摩拉水牛(Murrah) 为世界著名的乳用水牛，原产于印度旁遮普省的哈里亚娜(Hariana)州及德里(Delhi)南部地区。印度的旁遮普省及巴基斯坦的旁遮普省有大量分布。最好的牛群在哈利那州的卢迪(Rohfak)，希沙(Hissar)和金特(Jind)县以及巴基斯坦的信德沿河一带。东南亚许多国家都曾引进这种牛。1957年我国引进55头，分别饲养于广西和广东，经过50多年的繁育，数量已有较大发展，现分布于广西、广东、湖南、湖北、四川、云南、贵州、江苏、浙江、安徽、江西、福建、河南、陕西等省、自治区。普遍用于杂交改良当地水牛。

摩拉水牛头较小，母牛秀丽，公牛较粗重。眼突而明亮。耳小下垂。角短向后向上再向内卷曲成螺旋形。母牛颈细薄，公牛颈粗壮。前胸宽，无胸垂。四肢短粗强健，蹄大色黑。体躯紧凑而深，容量大。母牛近似奶牛的楔形，乳房发育良好，乳静脉显露，乳头长大，分布匀称。尾长过飞节，尾白色或全黑色。皮肤柔软而有弹性，全身被毛和皮肤黝黑。成年体重，公牛960±75.3千克，母牛647.33±55.22千克。泌乳期240.79±53.14天，产奶量1 557.13±579.74千克，平均日产奶量6.47千克。最高产奶量3 347.15千克，乳脂率5.62%（彩图3，彩图4）。

用摩拉水牛与中国水牛杂交，效果显著。公牛体重提高25%，母牛提高34.1%。泌乳期平均产奶量提高1倍。目前杂交改良工作已在我国南方水牛分布区的16个省、自治区普遍开展。

（2）尼里-拉菲水牛（Nili-Ravi bufflo） 是世界公认的著名乳用水牛品种之一。是由分布在两个相近地区的不同的品种尼里和拉菲组合而成。尼里水牛原产于巴基斯坦的苏特里杰（Sat-Lej）河流域。拉菲水牛原产于拉菲河（Ravi）沿岸。近2个世纪以来，因两地相距甚近，牛只经常交往，互相混杂，两个品种的外貌特征、生产性能已很相似，故于1950年将这两个品种合为一个品种，定名尼里-拉菲水牛。约占巴基斯坦水牛的1/3。最好的牛群在拉菲河（Ravi）及萨地河流域。1974年我国从巴基斯坦引进50头，分别饲养于广西、湖北，经过30多年的繁育现已有较大发展，已推广到广东、湖南、四川、江西、贵州、云南等省。

这种牛皮毛黑色，玻璃眼，前额、颜面部、鼻镜、下肢及尾帚为白色，乳房及胸部粉红色者亦有发现，但很少见，头长，角短小，角基部宽厚，卷曲，耳中等大小，灵活，眼突明亮，特别是母牛。鼻镜宽，鼻孔开张，体躯深厚如桶状。躯架低，呈矮型，胸深发育良好，胸宽适度，无胸垂，四肢短、粗壮，母牛呈楔形，后躯宽、深。臀宽、长，略倾斜。乳房发育良好，向前后伸展，乳静脉显露，长而曲折，乳头长而匀称。蹄质坚实，尾细长，几平接触地面，尾帚白色（彩图 5，彩图 6）成年公牛体重 901.8±60.2 千克，母牛 721.0±78.14 千克。性情温驯，易管理。产奶性能好，平均泌乳期 261±51.7 天，泌乳量 1 873.6±690.4 千克，平均日产奶 7.2 千克，最高日产 19.9 千克。优秀个体产奶期产量达 3 400～3 800 千克，乳脂率 7.19%。

我国引进后已广泛用于杂交改良地方水牛，杂种一代水牛初生重 36.71±3.87 千克，2 岁体重 478.36 千克，成年体重 627.28±42.14 千克，泌乳期 311.2±3.26 天，泌乳期产奶量 1 906±422.77 千克。

(3)肯迪水牛(Kundi)　肯迪水牛产于印度信德北部，沿印度河两岸。皮毛黝黑或浅褐色。前额有白星，尾帚白色，四蹄白，玻璃眼。角型短，角基厚，角端尖，倾斜略向后再向上，然后再卷曲成三个或更多的圈，被视为“肯迪角型”。眼小有神，后躯深厚，乳腺发达，乳静脉显露，乳头匀称，大而一致，手感柔软。体重 320～450 千克，较尼里-拉菲水牛小。平均日产奶量 9 千克，高产者达 18 千克，一般 300 天泌乳期产奶量为 2 000 千克。

(4)萨蒂水牛(Surti)　原产于印度古吉拉特的沙罗他(Charottar)地区，是一种体型优美、中等大小的水牛。体色通常黑色或棕色，肤色黑或淡红，毛色为银灰或锈色、棕色，而膝、飞节以下毛色通常为灰白。在额下和胸前各有 1 条白色“V”形带。眼眉上有白毛斑，前额有白斑。尾帚白色。角中等长，呈镰刀形，角向下向后，然后向上翻转，角尖呈钩状。背平直，公牛前躯深厚，而后躯较窄；母牛前躯较窄，后躯宽深，呈楔形。四肢强健，蹄黑而广。乳房形状与发育均好，与体躯附着紧凑，软而柔韧，乳房品红色，乳头中等、对称。乳静脉曲张，皮肤光软，毛稀。成年公牛体重 640～730 千克，母牛

550～650 千克，平均泌乳期产奶量 2 090 千克，乳脂率 7.9%。

(5)意大利水牛 几乎所有的意大利水牛都分布在康帕尼亚和拉齐奥的河流、沼泽地区。被毛为黑色、深灰、灰黑、黑褐、深褐或石板青色。少数牛在头、四肢和尾帚有白斑。角中等长，角直向后再向旁、角尖向上向内卷曲呈新月形。体躯深广，显得厚重，腹部容积大。四肢粗壮。背短、宽，呈马背形。腰宽，尻窄，臀部倾斜。尾较短，可达飞节。乳房中等大，形状好，方正匀称，乳头排列匀称，乳房皮肤柔软无毛。公牛体重 700～800 千克，母牛体重 500～550 千克。泌乳期 245～308 天，产奶量 1 650～2 180 千克，乳脂率 7.35%。

6. 我国水牛能挤奶吗？

我国水牛是役用牛，但用水牛挤奶也有很悠久的历史，据《本草纲目》记载："水牛乳作酪，浓厚胜榛牛(注：黄牛)……主治补虚羸、止渴、养心肺。解热毒，润皮肤，冷补下热气；和蒜煮沸食有益，入姜葱，止小儿吐乳补劳。治反胃热，补益劳损，润大肠，治气痢；除疸黄，老人煮粥甚益。"由上所述，400 年前，李时珍不仅阐述了奶的药用价值，也指出了水牛奶浓厚，含脂率高，比黄牛奶更适于制作奶酪。另据广东、福建考证，粤东地区农村用水牛挤奶加工成乳制品作为商品销售也有悠久的历史，产品以中国传统的凝固型奶酪和其他乳制品为主。如明代的顺德(距今已有 400 多年)金榜水牛奶、双皮奶已驰名中外。清同治年间，广东南海农民用水牛挤奶销往广州作为家庭副业收入，或以此谋生。1907 年粤西的揭西县棉湖镇创办乳品加工厂，以水牛奶为原料生产"飞雁牌"炼乳，此后利用水牛挤奶的还有山头、饶平、普储、梅县等地。1926 年温州民族企业家吴伯亨建立了中国第一家水牛奶炼乳工厂，用水牛奶生产的“擒雕牌”炼乳与当时畅销国际市场的英国英瑞公司的“鹰牌”炼乳相竞争，并赢得盛誉，产品远销东南亚和西欧。20 世纪 50—60 年代，温州水牛挤奶头数曾发展到 5 000 多头，年产水牛奶达 4 000 多吨。

1957 年农业部从印度引进摩拉水牛 50 头，分别投放在广东、广西，1974 年又从巴基斯坦引进尼里-拉菲水牛分别投放在广西、湖北，用于改良我国水牛，发展奶水牛业；并在农业部的委托下，由广西牵头成立中国水牛改良育种协作组，以推动这一事业的发展，从此我国奶水牛业已步入一个科学发展的初始时期。这一时期开展了大量的水牛基础方面的研究，如中国水牛的资源调查、水牛的生殖生理、瘤胃生理、泌乳生理、水牛的遗传与杂交改良和新品种选育、水牛的解剖、水牛的冻精研究与推广应用、同期发情、胚胎移植、试管水牛等，围绕着水牛的挤奶与开发取得了一批重要成果和突破。

改革开放以后，农业部在广东、广西、四川三省（自治区）各办了 2 个水牛奶业开发试点县，1991 年又增加了湖北、湖南两省，试点扩大到 5 省 12 县(其中广东 7 个县)。同年国家科委下达了国家“八五”星火计划重点项目“华南水牛奶业”，在广东、广西实施。到 1995 年项目区水牛奶业有了很大发展，如广东形成了粤东、粤西、粤中三大奶源基地，水牛挤奶发展到 28 县的 43 个乡镇，挤奶水牛近万头，生产商品奶 6 500 吨，并在南海、揭西、吴川等地办起了形式多样的乳品加工厂，解决了奶农的后顾之忧，进一步促进了奶水牛业的发展。

1996—2002 年“中国－欧盟水牛开发项目”在广东、广西、云南三省（自治区）实施，项目共投资 600 多万欧元，更有力地加快了广东、广西、云南奶水牛业的发展，也带动了湖北、湖南、福建、江西、贵州等地奶水牛业的发展。经过一系列奶类项目的建设，共投资了人民币27.9亿元，奶水牛存栏增加5.47倍，产奶量提高9.47倍，平均单产提高1.42吨，投入产出比为1∶10。改善了项目区的各项基础设施，建立了一批开发示范基地，为中国南方水牛奶业的开发创造和提供了一系列成功的经验。据2004年统计，利用本地水牛、杂交水牛和引进的纯种奶水牛挤奶的母牛约3万头，其中杂交水牛和纯种奶水牛占61.5%，本地水牛占38.5%。水牛产奶量达3.3万吨，其中杂交水牛产奶量2.2吨，占67%，本地水牛产奶1万吨，占30%，纯种奶水牛（引进的摩拉水牛和尼里-拉菲水牛）产奶0.1万吨，占3%。随着我国经济的迅速发展、科技的进步、人民生活水平的提高，对奶和乳制品日益增长的需求将把我国水牛挤奶事业推进到发展的快车道。

7. 国外水牛挤奶的现状怎样？

20世纪70年代，印度开发利用水牛挤奶（又称“白色”革命）取得成功，现已成为世界产奶大国之一，引起了世界各国的重视。对水牛研究开发的力度加大，水牛由役、肉、乳兼用家畜正转变为乳用、肉用或者乳肉兼用家畜，水牛的数量也快速增长，据联合国粮农组织2004年的统计，全世界水牛存栏总数17 271.9万头，其中江河型水牛占67%，沼泽型水牛占33%，分布于129个国家，但主要分布在亚洲，有16 727.3万头，占全世界总数的97%。印度是世界上水牛最多的国家，有9 770万头。巴基斯坦有2 550万头，占14.7%，位居第二。这两个国家的水牛主要是江河型水牛，并有世界著名优良奶水牛品种，如摩拉、尼里-拉菲等。我国水牛总数2 280万头，占13.2%，居世界第三。意大利从1994—2004年的10年间，水牛存栏数由10万头增加至26万头，增长了1.6倍，是增加速度最快的国家，原因是由于优质的水牛奶受到人民的欢迎，用水牛奶加工成干酪，品质优良，畅销国内外，获得丰厚利润，促进了奶水牛数量的迅速增长。印度增长了1.26倍，巴基斯坦增长了13%，而中国仅增长了1.08%，原因是我国奶水牛的数量还很少，对刺激增长的效应还不明显。

从水牛奶的产量情况来看，世界水牛奶业正处于高速发展时期。2004年世界奶的总产量为61 343.5万吨，其中水牛奶产量为7 586万吨，占总产奶量的12.4%。亚洲水牛奶产量为7 318.1万吨，占世界水牛奶总产量的96.5%，其中印度水牛奶总产量达5 000万吨，巴基斯坦为1 909.4万吨，这两个国家水牛奶产量合计，占世界水牛奶产量的91.1%（印度为65.9%，巴基斯坦为25.2%），是世界最大的水牛奶生产国。1994—2002年世界水牛奶产量增长了49.34%，年平均增长6.17%，挤奶水牛头数增加了25.86%，年增长率3.23%，平均每头挤奶水牛泌乳期产奶量由1994年的1 213千克，提高至2002年的1 439千克，1980年仅为981千克。欧洲水牛数量很少，但水牛产奶量由1992年的70 654吨，到2002年提高至148 752吨，增加了1倍。由于水牛奶的品质好、饲养经济效益高，过去许多役用为主的国家，如中国、菲律宾、泰国、缅甸都已引进江河型乳用水牛改良当地沼泽型水牛，将水牛转化为乳用或乳肉兼用；一些发达国家，如意大利、保加利亚等国也在大力开发利用水牛；一些原来没有水牛的国家，如英国、美国、以色列、澳大利亚、委内瑞拉、哥伦比亚等国家也引进水牛用于产奶。可见世界水牛奶业正处于欣欣向荣的发展时期。

8. 我国开发利用水牛挤奶有哪些有利因素?

主要有以下有利因素。

(1)国家重视 各级政府和有关部门高度重视奶业发展。在《中国食物与营养发展纲要(2001—2010)》中,国务院把奶业列入优先发展产业。在《奶业优势区域发展规划》中,农业部确定了我国奶业发展的优势区域,提出了奶业发展举措。2005年农业部组织制定了《全国奶业“十一五”发展规划和2020年远景目标规划》,规划中明确规定了奶业发展的目标和措施。国务院于2007年在1年内又先后下发了4号文件《国务院关于促进畜牧业持续健康发展的意见》和31号文件《国务院关于促进奶业持续健康发展的意见》,对发展我国奶业又提出了一系列的奖励政策和措施,这些都表明了我国政府对发展奶业的高度重视。

(2)资源丰富 我国引进的摩拉、尼里-拉菲良种水牛现已繁育发展到2500多头,用摩拉和尼里-拉菲水牛与我国地方水牛进行杂交改良的杂种水牛累计已有100多万头,还拥有地方水牛1448万头(2007年农业部统计数),为开发利用水牛挤奶提供了强大的牛群资源。

我国南方有5600万公顷耕地,水、热资源丰富,农作物耕种指数高,每年生产的农作物秸秆和加工副产品约3亿吨可以用作饲料。每年有2700万～3400万公顷冬闲田,如果利用1350万公顷冬闲田种植青饲料,以每公顷生产青饲料22.5吨计算,可达3亿吨。南方尚有6500万公顷的草山草坡和湖滨海滩地如其中6 000万公顷作为自然草地，进行放牧，另开发500万公顷作为人工草地，以每公顷草地产鲜草30吨计算，合计为1.5亿吨，如果推行农业结构改革，进行草田轮作，以提高土壤肥力，每年用1/5的耕地(即1 200万公顷)种植豆科牧草，以每公顷产30吨计算，可获得优质豆科牧草3.34亿吨，以上各项合计约为11.4亿吨，可支撑5 000万头水牛饲养量，为饲养水牛挤奶提供丰富的饲料、饲草资源。

(3)市场广阔 随着城乡居民收入水平的提高和膳食结构的改善，城乡居民粮食消费进一步下降，动物蛋白质消费持续上升。乳制品作为重要的动物蛋白质和钙质来源，将成为城乡居民的日常食品，市场对奶业发展的推动作用将进一步增强。目前，我国人均奶类占有量约20千克，仅为发达国家的1/5，奶和乳制品供不应求，奶的缺口很大，市场非常广阔。

(4)可以借鉴我国已有的经验和国外的先进经验 如我国20世纪50年代引进摩拉水牛，70年代引进尼里-拉菲水牛在广西畜牧研究所进行饲养，以研究所为依托形成良种水牛繁育基地。半个世纪以来，广西畜牧所向各省推广种牛约2 000多头，并对引进的牛群进行选育提高，产奶量由引进时的1 400多千克提高至2 000千克。又如，20世纪70年代，由农业部委托广西畜牧研究所牵头，组织南方14省(市)区进行水牛杂交改良和水牛的各项研究，并取得很好的成绩。吸收国外先进经验方面，1996—2002年在广西、广东、云南3省(自治区)实施了“中国-欧盟水牛开发项目”，项目共投资618.9万欧元。这一项目的实施，建立了一批开发示范基地，为奶水牛的开发提供了成功经验，如发展模式、信贷模式、牲畜保险模式等。国外，如印度用公司带动农户形成生产、加工、销售一条龙的经验，菲律宾以研究所为依托带动农户进行杂交改良的经验，意大利以加工制造干酪获取较高的利润，从而促进了奶水牛业的发展的经验，这些国内外的成功经验都可作为我国今后开发奶水牛业的借鉴。

9. 开发水牛挤奶，目前存在的问题是什么？应采取哪些措施？

目前，还存在饲养规模小、养殖户分散、产业化程度低、不能形成规模化经营、小生产与大市场的矛盾突出。良种数量少，杂交水牛和地方水牛单产水平低，良种繁育体系尚不健全。从整体来看，技术水平、管理水平比较低，生产方式还比较落后，离科学饲养还有很大距离。根据这些存在问题，宜采用以下措施。

(1)进一步改变观念，提高认识 要根本改变人们过去，认为水牛就是耕地的传统观念。这种认识是片面的，不科学的。事实证明，水牛能挤奶，而且奶的品质优良。随着农业机械化的发展，水牛作为役用的价值，已被机械所替代，水牛今后的出路，只有向乳用或肉用方向转化。我们必须采取一切有力的措施，加速这种转化，使我国水牛这一丰富资源继续为国民经济服务，为人民的健康服务。

(2)要有紧迫感 2004 年我国水牛的头数是 2 236.1 万头，到 2007 年底存栏数为 1 448.1 万头，3 年间下降了 788.3 万头，这显然与农业机械化发展有关。如果不加快水牛的转向，数量还将下降。因此，要求我们对改良水牛更具紧迫感，加强改良工作的力度。由于水牛的世代间隔长，不可能一蹴而就，需要树立长期作战的思想，这是一项长期艰苦的工作，需要几代人付出巨大努力。

(3)加大引种力度，建立健全繁育体系 目前，我国良种奶水牛的数量少，引进一些良种乳用水牛有利于加快对地方水牛的改良进度和建立良种繁育体系，扩大良种种源基地。

(4)扩大和增加示范基地 各省、自治区、直辖市尚未建立示范基地的，宜建立示范基地，以基地为中心进行杂交改良和挤奶示范，并把基地建成杂交改良、挤奶、加工、销售的综合示范区。基地可以采用公司加农户的组织形式，在此基础上逐步扩大规模，从而形成产业化经营，并不断延长产业链，以增加经济效益。

(5)加强水牛乳制品的研究与开发 水牛奶以奶质优良而著称，开展水牛奶的深加工研究，特别是高档奶制品的开发，形成水牛奶系列产品，提高水牛奶的附加值，打造水牛奶品牌的科技含量，不断做大做强，提高市场竞争力，将对水牛奶业开发起到很大的推动作用。

(6)建立一支水牛开发的科技队伍，加强奶水牛业科学技术的研究 用科学技术改变我国奶水牛粗放经营，生产水平低，技术比较落后的现状，在水牛的饲养、繁育、产品加工等方面采用新技术，提高科技水平。

10. 饲养挤奶水牛的经济效益怎样？

主要有以下几个方面。

(1)提供大量优质奶 如用摩拉或尼里-拉菲水牛挤奶，平均泌乳期产奶量约 2 000 千克以上，杂交水牛约 1 500～1 800 千克，地方水牛约 300～800 千克。每头挤奶母牛年挤奶收入以目前市场价计，约 2 500～5 000 元。如果延长产业链，进行奶品加工，研发生产优质干酪，收入还可成倍增加。

目前，我国奶的供应不足，特别是优质奶供不应求，如全国新增 10 万头改良水牛挤奶，平均每头年产奶 1.5 吨，即年新增奶量 15 万吨，可缓解这一矛盾。

(2)提供大量优质有机肥 我国南方水牛产区，秸秆资源非常丰富，水牛耐粗性强，利用秸秆饲养挤奶水牛，过腹还田，可以增加土壤中的有机质，改善土壤结构，提高土壤肥力，促进粮棉油增产。水牛的采食量大，排粪尿量也大，一头水牛可年产粪尿 12 吨，含氮、磷、钾约 100 千克，可形成“牛多、肥多、粮多、收入多”的良性循环的生态农业。

(3)可以促进水牛数量的增长，提供优质牛肉资源 近年来由于农业机械化的迅速发展，水牛由农业的主要动力降为辅助动力，水牛的数量日益下降。将水牛由役牛转化为奶牛，可以提高水牛的经济价值，一头挤奶水牛较一头役牛的价值高一倍以上。由于经济利益的驱动，养牛户会精心饲养，加速繁殖，或用产乳量高的优良品种的公牛给母牛配种，或采用繁殖新技术，提高繁殖率，繁殖改良牛。由于繁殖数量的增加，其中 50% 为公牛，可以用于育肥，作为肉牛出售，供应市场。

水牛的肉用性能也很好。特别是用摩拉或尼里-拉菲水牛改良后的杂种牛，生长快、产肉量显著提高，肉的品质也很好，如不同日龄的杂种水牛的体重均高于地方水牛，如表 1-1，经过肥育后的屠宰性能也较本地水牛好，在屠宰年龄相同的情况，杂种牛较本地牛体重增加约 100 千克，产肉量 60～70 千克(表 1-2)。

过去认为，水牛肉的品质差，原因是过去的水牛肉是已失去役用能力的老弱病残的淘汰水牛肉。通过肥育后，在 24 月龄以前屠宰时肉质细嫩，可以提供优质牛肉。

表 1-1　水牛各阶段体重　（单位:千克）

组别	初生	6 月龄	12 月龄	24 月龄	34 月龄
本地水牛	30.1	115.2	209.8	289.3	320.5
尼杂一代	36.8	147.5	254.2	478.0	577.7
公杂一代	32.1	185.0	324.2	358.5	440.0
三品杂	36.8	206.6	315.4	～	～

表 1-2　水牛屠宰性能　（单位:月·千克·%）

组别	屠宰月龄	宰前重	胴体重	屠宰率	净肉重	净肉率
本地水牛	24	342.0	166.0	48.5	126.4	36.9
公杂水牛	24	447.0	251.0	56.2	190.4	42.5
三品杂	24	440.7	230.6	52.3	187.0	42.4

二、水牛的改良与育种

1. 什么是改良育种?

改良育种是应用家畜遗传学的理论和采用先进的科学方法,对家畜品种的特征特性和生产性能,加以改进和提高。其中包括 3 个方面的内容:一是培育新品种(育种);二是对已有品种的生产性能进行巩固和提高(纯种繁育);三是研究对不同品种进行杂交,选择优良的杂交组合,提高家畜生产性能(杂交改良)。

家畜的改良育种,总的来说,就是通过改进家畜的遗传性,提高家畜的经济性能,以适应人类社会的需要。虽然改良育种是按照家畜品种的特点,分别采用不同方法改进遗传性,以提高其经济性能,但这一工作必须与改善家畜的环境条件和提高饲养管理水平相结合,才能取得预期效果。

2. 什么是遗传性和变异性?

遗传性是指任何一个物种(或品种)其主要特征、特性可以世代相传的特性。人们常说:"种瓜得瓜"就是这种特性的简单概括。遗传性是家畜乃至生物界的普遍性。与遗传性相对应的另一种特性就是变异性,是指在任何一个物种(或品种)内没有完全相同的个体,甚至一对双胞胎牛之间也有差异,不会是完全一样,这就是变异性。变异性也是普遍存在的，有一种变异性是可以遗传的。例如，在黑白花奶牛中，尽管公、母牛都是黑白花，可生下的犊牛却是红白花，把这种红白花的公、母牛相互交配，其后代不表现黑白花特征，仍是红白花，说明这种变异是可以遗传的，这在家畜育种中有重要意义。

生物的遗传和变异是受基因控制的。通过对基因进一步的研究，已明确了基因存在于细胞核的染色体内，呈线性排列。基因世代传递的途径、基因作用的方式与时间、基因与环境的互作等一系列基本的遗传理论问题，为牛的改良育种工作提供了可靠的理论基础。

3. 什么是遗传力?

遗传力是表示某一畜种（或品种）经济性状（如牛的产奶量、乳脂率、生长率等性状）遗传趋势的大小，一般来说，遗传趋势大的性状，遗传力值也大，反之，遗传力值就小。国内外均以 h^2 表示遗传力。遗传力值的范围总是在 0～1，即最小值为 0，最大值为 1（以分数表示为 100%）。牛的不同性状，其遗传力值也不相同。

据国内外许多专家计算，奶牛产奶量的遗传力值在0.2～0.3。这表示什么呢？按遗传力的理论概念来说，就是同一牛的品种，在不同群体或不同个体之间，遗传力值存在着差异，差异的范围在 0.2～0.3（即 20%～30%），这个差异是由遗传（基因不同）方面的原因引起的，而另外 70%～80%的差异是由饲养管理、气候等原因造成的。

人们在育种工作的实践中，按遗传力值的大小不同将遗传力值在 0.1 左右的性状称为低遗传力值性状（如繁殖性状），在0.2～0.3 的性状称为中等遗传力性状（如产奶量等），在 0.4 以上的则称为高遗传力值的性状(如乳脂率、乳蛋白率等)。性状遗传力值的大小,在育种实践中,对牛的选种选配有着重要意义,对高遗传力值的性状可以直接按照个体表现进行选择,对低遗传力值的性状,则需按家系进行选择,才能有效改进牛群这一性状;同时,需要着力改善饲养管理条件。需要说明的是,各性状的遗传力,并不是一成不变的,同一品种牛的同一性状,遗传力值也会随测定的年度、牛的年龄、数量不同而有波动。如对水牛不同泌乳期测定的泌乳量的遗传力值就有不同(表 2-1 至表 2-3)。

表 2-1　奶牛有关性状遗传力(h^2)估计值

性状名称	遗传力范围	性状名称	遗传力范围
产奶量	0.20～0.30	奶中总固体量	0.20～0.30
乳脂率	0.50～0.60	饲料效率	0.30～0.40
乳蛋白率	0.45～0.55	患乳腺疾病	0.10～0.30
乳无脂固体物比率	0.20～0.30	成年体格大小	0.30～0.50
乳脂量	0.20～0.30	产奶寿命	0.00～0.10
乳无脂固体物质量	0.20～0.30	繁殖效率	0.00～0.10
乳蛋白量	0.20～0.30	体型评分	0.15～0.30
外形最终评分	0.31	背　部	0.23
一般外貌	0.29	臀　部	0.25
乳用特征	0.10	后　肢	0.15
体积容量大小	0.27	蹄　部	0.11
泌乳系统	0.22	前乳房	0.21
体躯结构	0.51	后乳房	0.21
头　部	0.10	乳房附着	0.21
前　躯	0.12	乳头位置	0.31

表 2-2　肉用牛有关性状遗传力(h^2)估计值

性状名称	遗传力范围	性状名称	遗传力范围
繁殖特征		增重率	
产犊间隔	0～0.15	初生到断奶	0.25～0.30
产犊率	0.15～0.25	舍饲肥育	0.45～0.50
每次怀胎配种次数	0.0～0.25	放牧条件下周岁时体重	0.23～0.30
首次发情年龄	0.20～0.40	舍饲增重效率	
周岁龄公牛精子数	0.20～0.30	一般饲养期体重	0.40～0.50
难产性	0.05～0.15	舍饲时日料消耗	0.25～0.40
母性能力	0.20～0.40	周岁龄胴体特征	
活　重		胴体眼肌面积	0.25～0.40
初生重	0.25～0.40	胴体脂肪厚	0.25～0.40
断奶重	0.25～0.30	大理石状评分	0.40～0.60
断奶后舍饲周岁重	0.50～0.60	瘦肉产量	
断奶后放牧到18月龄重	0.45～0.55	肉质嫩度、口味	0.25～0.50
成年重		眼癌易感性	0.40～0.70
	0.50～0.60		0.20～0.40

表 2-3　不同品种水牛产奶量的遗传力(h^2)估计值

品　种	产奶量遗传力(h^2)	测定时的泌乳期	参考文献
摩拉水牛	0.04	第一泌乳期	Rathis 等 1971
摩拉水牛	0.19± 0.09	第一泌乳期	Bhaluri 1978
摩拉水牛	0.25± 0.09	第一泌乳期	Tomar 1963
摩拉水牛	0.132	第一泌乳期	章纯照等 1984
摩拉水牛	0.382	第一泌乳期	章纯照等 1984

续表 2-3

品　种	产奶量遗传力(h^2)	测定时的泌乳期	参考文献
摩拉水牛	0.547	第二泌乳期	章纯照等 1984
摩拉水牛	0.607	第三泌乳期	章纯照等 1984
摩拉水牛	0.273	第五泌乳期	章纯照等 1984
摩拉水牛	0.22± 0.20	所有泌乳期	Basu 等 1978
摩拉水牛	0.53± 0.23	所有泌乳期	Sane 等 1972
尼里水牛	0.18± 0.16	第一泌乳期	Ashlag 等 1954
尼里水牛	0.32± 0.25	第一泌乳期	Sharma 等 1981
埃及水牛	0.39± 0.14	第一泌乳期	Askar 等 1965
埃及水牛	0.45	第一泌乳期	Alim 1978
巴达沃里水牛	0.63± 0.26	第一泌乳期	Shsrma 等 1978

4. 中国水牛应向什么方向改良？如何改良？

水牛的改良方向应以当时、当地的社会经济条件和人们的需要为依据。中国水牛是传统的役畜，是农业生产的动力资源，农民说是“不烧油的拖拉机”，“是农民的宝贝”。随着农业机械化的发展，水牛的役用价值越来越低，近年来国家对农民购置农机具实行补贴，农业机械化发展的速度更快。湖北省 2004 年存栏水牛 179.2 万头，到 2007 年底存栏只有 109.6 万头，3 年时间减少 69.6 万头，下降 38.8%，反映了这一时期湖北省农业机械化发展速度很快，同时也提出了必须为水牛开辟新的利用途径，加快水牛的改良进度，转变水牛的用途。目前，我国消费市场乳品和牛肉（特别是优质牛肉）供应不足，缺口很大，市场前景广阔。因此，中国水牛今后应向乳用、肉用或乳肉兼用方向改良，以适应国民经济发展的需要。

从遗传学的角度看，纯种繁育的遗传进展较慢，像水牛这样的大家畜由于世代间隔长，繁殖效率低，选育的遗传进展更慢，所需时间更长，有人做过这样的测算，一个泌乳期产 800 千克牛奶的牛群，用本品种选育的方法，将牛群的产奶量提高 1 倍，需要 250 年。如果采用杂交改良，杂种一代泌乳量就可提高 1 倍以上。为了尽快提高中国水牛的乳、肉生产性能、繁殖性能和早熟性，宜采用杂交改良的方法。但中国水牛数量多，分布广，且具有适应性强、抗病、耐粗性能好，对粗饲料的转化利用能力强，对粗纤维的消化率高，为 79.8%（黄牛为 64.2%），乳脂率高，奶的品质好等优良特性，保存这些种质资源也是必要的。因此，对中国水牛的改良，除进行杂交改良以外，可同时进行本品种选育。把杂交改良和本品种选育结合起来进行，按国家统一规划，划分杂交改良区和本品种选育区，制定改良规划，有计划、有目的地进行改良和选育。

5. 什么叫纯种繁育？在什么情况下采用纯种繁育？

纯种繁育习惯上称本品种选育，或简称本选，是指在某一个品种内，进行繁殖和选育，以期保存和提高本品种的优良特性。方法是通过选择优秀的公、母牛进行交配，以期获得优秀的后代，通常采用品质选配或亲缘选配的方法，以达到提高群体的生产性能。一般在下述两种情况下采用纯种繁育：一种情况是，某一品种牛已具有较高的生产性能，基本符合国民经济的要求，不需进行根本改良，常采用纯种繁育。如我国已引进的尼里-拉菲水牛、摩拉水牛，在水牛中产奶量是很高的，品质也好，为了迅速扩大数量，并进一步选育提高产奶量，应采用纯种繁育。另一种情况是，为了保存品种资源，丰富种质资源库，如某些地方品种的家畜，生产性能较低，但对当地特殊的自然条件具有高度的适应性和抗病力，或具有某种特别的经济性能，如牛的高乳脂率，猪的高繁殖率、高瘦肉率，牦牛对高原气候的适应性，乌鸡的药用性等，为了保存这些优良特性，应采用纯种选育。

6. 什么是品系繁育?

品系繁育是在牛的育种工作中，为了尽快巩固优良个体的遗传特性和提高整个牛群或品种的生产性能，迅速改良和育成牛的新品系（或品种）所使用的繁育方法。品系的建立是在品种内选择生产性能最优秀的公牛或具有某一特殊优良性状的公牛作为系祖，并与经过选择的优秀母牛群进行繁殖，由这一系祖公牛所繁殖的种群即为品系；如选择某一优秀母牛所繁殖的种群，即为品族。品系或品族集中了该品种的优良特性。为了丰富品种的遗传性，在1个品种范围内宜建立6～9个品系。

品系繁育的关键除了选择好系祖外，是在以后的每一个世代认真选择品系的继承者，因此选择和培育种公牛极为重要，只有品系继承者一代比一代好，才能不断提高整个品种性能。建立品系和进行品系繁育，一定要把选种选配与改进饲养管理和培育条件结合进行，才能收到预期效果。

7. 什么是选种选配？怎样进行选种选配？

我们知道任何一个牛的品种内，所有个体都不是完全相同的，他们在体型外貌、生产性能等方面，都存在着差异，有的牛生产性能好，有的牛生产性能低，选种就是要根据预定的选种目标，在牛群中把生产性能好、体型外貌优秀、符合选种目标要求的公、母牛选择出来，作为种牛。选配就是把已经选出来的公、母牛有计划地、按一定的方式进行交配，以期把这些优良性状遗传给后代。人们通过一个世代、一个世代连续进行选种选配，直至将优良性状保存固定下来，最后形成一个遗传性稳定的符合人们期望的高产优秀群体，这就是进行选种选配的主要目的。

选种是依据牛的经济性状和选种目标，再根据选择对象本身和它的祖先以及后代的表现进行比较评定后确定的。因此，在选种前应对牛群的每一个体的系谱、生长发育、外貌评分、生产性能、健康状况的资料加以搜集、整理和分析，作为选择的依据。选种选配是牛育种工作中一项基础性的工作，应建立健全各项测定记录制度，进行资料的积累，才能为选种提供各种可靠信息。选配有以下方式。

(1)亲缘选配 根据公、母牛亲缘关系的远近来安排交配组合方式，以期巩固优良性状，提高牛群品质，这种选配方式称为亲缘选配。亲缘选配有以下类型。

①**嫡亲交配** 是指在牛群中母子间、父女间、全同胞兄妹、姐弟间的组合以及半同胞兄妹、姐弟间、祖孙之间的组合。

②**近亲交配** 是指在牛群内姑侄间、叔侄间、堂兄妹、姐弟间的组合及曾祖间的组合。

配对双方血缘再远的叫做中亲或远亲交配。

(2)类型选配 是按照公、母牛体型外貌的表现和生产性能的特点来组织交配组合，这种选配方式也叫“品质选配”、“表型选配”，它包括同质选配和异质选配。

①同质选配 也叫同型选配，是选择体型外貌、生产性能具有相似特征、特性的公母之间组织交配，所以又叫选同交配。同质交配多在杂交育种后期阶段，为了稳定牛群性能，增大牛群整齐度时采用；另外在原有品种牛群中，为建立某种品系，以巩固、发展某一或某些优良性状也采用同质选配。

②异质选配 又叫异型选配或选异交配，是选择公、母牛在体型外貌、生产性能等某一方面或某几方面表现不相同、不类似的个体间组织交配组合。异质选配多在以下情况采用：一是为结合公、母牛双方不同的优良性状，如一方具有高产奶量特性，另一方具有高乳脂率特性，将这样的公、母双方组合，以期获得产奶量、乳脂率都高的后代。二是用各方面表现优良的公牛来提高、改进本品种内其他群体或个体的某些缺点或不足而采用异质选配。

同质选配或异质选配是育种实践中常用的选配方式，二者间相互联系、互相补充、各有特点，不是可以截然分开的；二者均着重于经济性能和一些数量性状方面的选择应用。实践表明，对这两种选配方式如应用得当，均可获得满意的结果。

(3)群体选配和个体选配 在公、母牛间以群体为单位组织选配称为群体选配；以个体为单位组织交配组合则称为个体选配。前者多在自然交配的放牧牛群，头数很多时采用；后者则在小型牛场中或农户小群牛采用。方法是：在大群牛中，按外形或生产性能方面的某一特点，将牛群划分成若干小牛群，在各小群中放入相应特点的公牛，使其结合相同的优点，产生较为理想的后代。而在小型牛场或农户小群牛中，则按每头母牛的特点，逐个选配不同的公牛，以期产生理想的后代。假如所产犊牛不理想时，可以及时调换配对公牛。

在个体选配或群体选配中，既包含了同质选配，也包含了异质选配方式。

8. 什么叫杂交和杂交改良?

杂交是提高家畜生产性能的重要方法。所谓杂交是指不同品种之间互相交配。不同种或者不同属之间的个体相互交配，也叫杂交，但称为远缘杂交，如奶牛与牦牛之间的杂交所生后代称为犏牛，而且后代无繁殖能力。同一品种内不同品系之间的交配，则称为品系杂交。杂交所生的后代称为杂种。

牛的生产能力，很大程度上是遗传性决定的，生产性能低的品种，完全依靠纯种繁育，提高很慢，快速有效的方法是选择生产性能高的品种与生产性能低的品种进行杂交，杂种后代可获得较高的生产性能。应用杂交的方法，改变某一品种的遗传性，提高其生产性能，叫杂交改良。

杂交改良只有在该品种生产性能很低，为了尽快提高其生产性能，使其获得新的遗传特性时使用。在进行杂交改良时，要根据改良方向，所在地区的特点和饲养管理条件，选择相应的父本品种，如南方水牛分布区用尼里-拉菲、摩拉牛向乳用方向改良水牛。在黄牛方面，山西、河北、内蒙古、湖北、浙江、四川等省、自治区。用西门塔尔牛，向肉用或肉乳兼用方向改良当地黄牛；黑龙江、吉林、河北、辽宁、河南、山西等省用大型肉牛品种夏洛来、利木赞，向肉用方向改良当地黄牛；南方夏季高温湿热，蜱的危害严重，则选用能适应当地气候条件和具有抗蜱特性的瘤牛品种，如辛地红、沙西瓦，向乳用方向改良当地黄牛，用婆罗门牛、古巴牛(山塔·圣格鲁底斯)、抗旱王、婆罗伏特等品种向肉用方向改良当地黄牛。上述不同地区根据本地区条件引进不同品种牛，改良当地品种的地方黄牛、水牛，都取得良好的改良效果。据湖北省试验资料，本地水牛一个泌奶期产奶量为500～700千克，净肉率为37%。用摩拉牛改良后，摩杂一代水牛泌乳期305天产奶量可达1 300～1 600千克，个别牛可达1 923千克；2岁公牛在100天肥育期内，日增重为0.7～1.3千克，活重可达475千克，净肉率为43%，与同龄的本地公牛日增重(0.6～0.8千克)、体重(342千克)、净肉率(37%)均明显提高，改良效果显著。

9. 什么叫杂交优势？如何度量？

杂交优势是指杂种后代某个性状的平均值高于父、母双方该性状的平均值，如果不比父、母双方平均值高，而仅比母本平均值高，则只能说是改良效果，而不能说是杂交优势。

杂交优势可用优势率来度量，计算公式如下：

$$H(\%)=\frac{\overline{F_1}-\overline{P}}{\overline{P}}\times 100(\%)$$

式中：H——杂种优势率；

$\overline{F_1}$——一代杂种平均值，即杂交试验中，杂交组合的平均值；

$\overline{P}$——杂交亲本品种父、母本双方的平均值。

例如：在饲养管理条件相同、性别相同、年龄相近、体重相近的条件下，试验结果，摩拉牛平均日增重为 850 克，地方水牛为 430 克，杂种牛为 740 克，杂种优势率为：

$$杂种优势率(\%)=\frac{740-\dfrac{(850+430)}{2}}{\dfrac{850+430}{2}}\times100=15.62\%$$

除增重以外，其他如初生重、屠宰率、净肉率、饲料利用率、产奶量等都可以用这种方法计算，但被测双亲和杂种牛必须满足其营养需要和在相同饲养管理条件下进行，方能计算出杂种优势的准确结果。计算产奶量的杂种优势率时，应先将杂种牛及亲本品种母牛的产奶量平均值换算成乳脂率 4% 的标准奶，然后按上述公式计算。

10. 杂交代数和杂交程度怎样计算?

杂交代数是指 2 个或 2 个以上不同品种的公、母牛进行交配所生杂种后代的杂交程度，如 2 个不同品种进行杂交所生后代为杂交一代，以 F_1 表示，父、母的血缘在其子代中各占 1/2。如继续用原父系品种的公牛与 F_1 杂交，所生后代为 F_2，则父系品种的血缘程度上升为 3/4，而母系品种只占 1/4，如此继续下去，父系血缘程度不断增加，而母系的血缘程度不断降低。杂交程度的计算方法：

被改良者，母系品种在各代血缘程度的计算

$F_1=1/2$

$F_2=(1/2)^2$

$F_3=(1/2)^3$

$F_n=(1/2)^n$

改良者，父系品种在各代中所占血缘程度的计算

$F_1=1/2$

$F_2=1-(1/2)^2$

$F_3=1-(1/2)^3$

$F_n=1-(1/2)^n$

如果公、母牛本身都是杂交牛，其后代所含血缘程度，可按下述方法计算，例如一头含有 1/8 摩拉牛血缘的公牛与含有 1/4 摩拉牛血缘的母牛配种，其后代含有摩拉牛的血液程度为 3/16。

$(1/8\times1/2)+(1/4\times1/2)=3/16$(摩拉牛血缘)

11. 育成杂交能育成我国水牛新品种吗?

为了结合 2 个或 2 个以上品种的优良特性，从而育成新的品种所进行的杂交，称为育成杂交。育成杂交的目的是创造新品种，所以又叫创造性杂交。若参加组合的是 2 个品种，叫简单育成杂交；参加杂交组合的品种有 3 个或 3 个以上，称为复杂育成杂交(图 2-1)。

采用育成杂交培育新品种，应首先制订育种方案。方案应明确新品种的育成目标，根据育种目标拟定杂交方案，对杂种后代应加强培育并严格进行选种、选配，加强对后代的培育、进行后裔鉴定、淘汰不良个体。杂种后代进行自群繁育时，为了稳定遗传性，常采用适度的近亲交配，以缩短育种年限，可收到较理想的效果。故使用育成杂交培育新品种，需要有遗传学理论做指导，并掌握较为复杂和先进的育种技术和方法。

我国水牛新品种的选育正在以广西壮族自治区畜牧研究所为主的协作组进行，从 1957 年引进摩拉水牛，就迈开了中

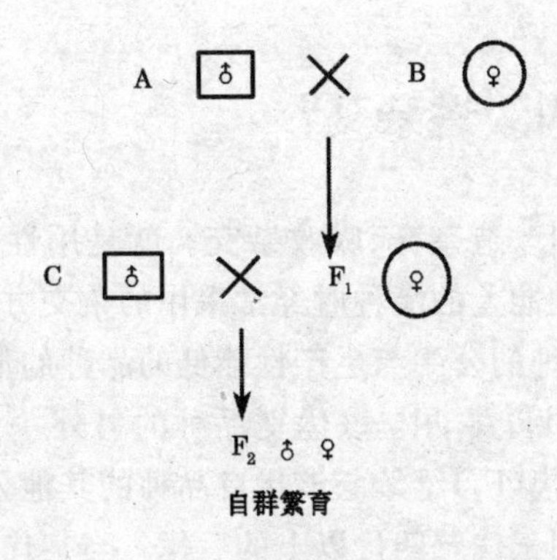

图 2-1 育成杂交示意图

国水牛改良的第一步，并取得了较好的改良效果，往后又于1974年引进尼里-拉菲水牛，改良效果好于摩拉水牛，对改良我国水牛起了更好的推动作用。在此基础上，广西畜牧所进行了三品种[(摩拉×本地)F_1×尼里-拉菲]杂交试验。1976年在全国水牛改良育种协作组会议上，对水牛今后的改良方向取得了共识，制订了“中国水牛新品种育种方案(草案)”，并在会议上讨论通过。这次会议的最大收获是明确了中国水牛今后的发展方向应由役用向乳用或肉用方向转变，明确提出了培育中国乳肉兼用水牛新品种。会后由广西畜牧所牵头组成了“中国乳肉兼用型水牛新品种培育”课题组，主持新品种的研究工作。1986年课题组发表了“中国乳肉兼用型水牛新品种培育——杂交组合试验研究报告”。此后，又相继报道了他们的研究结果。结果表明，采用三品种育成杂交，杂种后代产奶量等各项指标均已达到预定的育种目标。现已进入横交固定阶段，再假以时日，待遗传性稳定，体型外貌一致，并发展到一定数量，新的乳肉兼用型水牛新品种就可在中国大地宣告育成。

12. 什么叫级进杂交?

级进杂交又叫改造杂交、吸收杂交。就是用性能优越的品种改造或提高性能差的品种时经常采用的杂交方法。具体方法是,以优良品种的公牛与生产性能低的品种的母牛交配,所生杂种一代(F_1)母牛再与该优良品种的另外一头公牛交配,生下的杂种二代(F_2)继续与该优良品种的其他公牛交配,用此方法可以得到三代及四代以上的后代。当某代杂交牛表现最为理想时,便从该代起中止杂交,不再级进。

采用级进杂交时,不是级进的代数越多越好,目前我国水牛虽然尚无这方面的资料报道,但黄牛已有这方面的经验,如贵州省用黑白花牛的公牛与当地黄牛级进杂交,当地黄牛的产奶量为 475 千克,杂种一代母牛的产奶量 2 473.8 千克,杂种二代产奶量为 3 120.5 千克,三代为 5 252.6 千克,四代为 4 760.1千克,五代为 4 315.4 千克。为什么在三代以后,级进代数越高,产奶量反而下降呢?原因是级进代数越高,杂交优势已经消失,生活力降低,要求的饲养条件高,如不能满足其饲养条件,则生产性能下降。因此,级进多少代为好,要以杂种后代所表现的生产性能和生活力来确定,不是级进代数越高越好,当杂种后代表现出生产性能和生活力下降时,就应停止级进。如贵州用黑白花牛改良当地黄牛,级进到第三代,产奶量最高,以后开始下降,故以级进到第三代为好。

停止级进后,可采用杂种后代自群繁育的方法,稳定其遗传性,从而培育出新的品系或品种。中国黑白花奶牛、草原红牛,都是经过级进杂交选育而成。我国用尼里-拉菲水牛改良中国水牛，级进到第二代，杂交母牛的产奶量即已接近亲本水平，为育成我国水牛新品种又提供了新的杂交模式（图 2-2）。

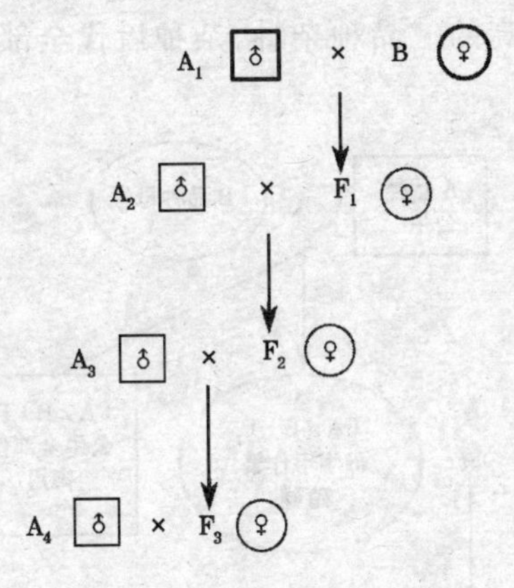

图 2-2 级进杂交方法示意图

13. 什么叫经济杂交？

经济杂交又称生产性杂交或商品杂交，其主要目的是更有效地利用杂交优势，生产更多的畜产品。经济杂交主要用于生产肉牛，常采用的方式有以下几种。

（1）二品种杂交　即利用 2 个不同品种的公、母牛进行杂交，所生的杂种一代，不论公、母都不再作种用，直接进行育肥。二品种杂交简单易行，对提高产肉和饲料效率都有明显的效果，但这种杂交方式的缺点是杂种一代母牛耐粗、早熟、泌乳量多、繁殖性能好、生活力强的杂交优势没有被利用。

（2）三品种终端杂交　或称终端公牛杂交，即先用 2 个品种杂交，所生杂种一代公牛全部肥育，F_1 母牛再用第三个品种的公牛与之杂交，所得杂种后代全部肥育。三品种终端杂交的优点是可以充分利用杂种一代母牛所表现的杂交优势，再与第三个品种的公牛杂交，可以结合 3 个不同品种的优点，获得生产性能更高的三品种杂种，杂种后代全部肥育(图 2-3)。

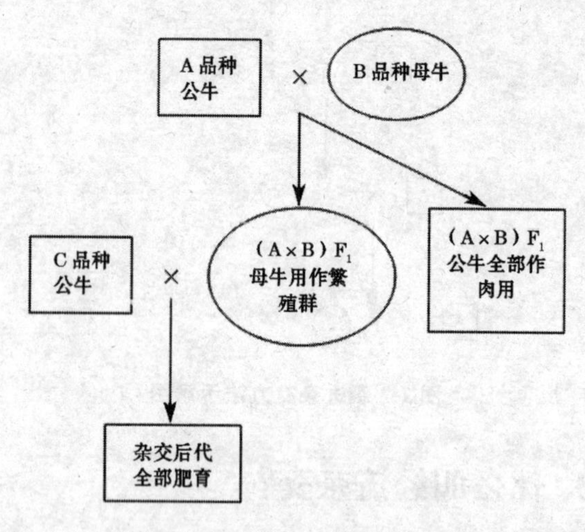

图 2-3　三品种终端杂交示意图

(3)轮回杂交　使用 2 个或 2 个以上不同品种的公牛，轮换与杂种母牛进行交配，轮回杂交也叫经济杂交，目的是始终保持对后代杂交优势的利用。杂交过程中仅选留一部分优良母牛作杂交繁殖用，其余的杂种母牛和杂种公牛都进行肥育，生产商品肉牛。据研究，二品种轮回杂交可使犊牛的活重平均增加 15%，三品种轮回杂交可增加 19%。

(4)轮回——“终端”公牛杂交　在二品种或三品种轮回杂交的后代中，仅留 45%的母牛作轮回杂交，以供更新母牛的需要，其余 55%的母牛与生长快、肉质好的公牛(终端公牛)配种，所生杂种后代全部肥育，以期取得减少饲料消耗，生产更多牛肉的效果。采用二品种轮回的“终端”公牛杂交方法(图 2-4),其所生犊牛平均体重增加 21%,而三品种轮回的“终端”公牛杂交方法可提高 24%。

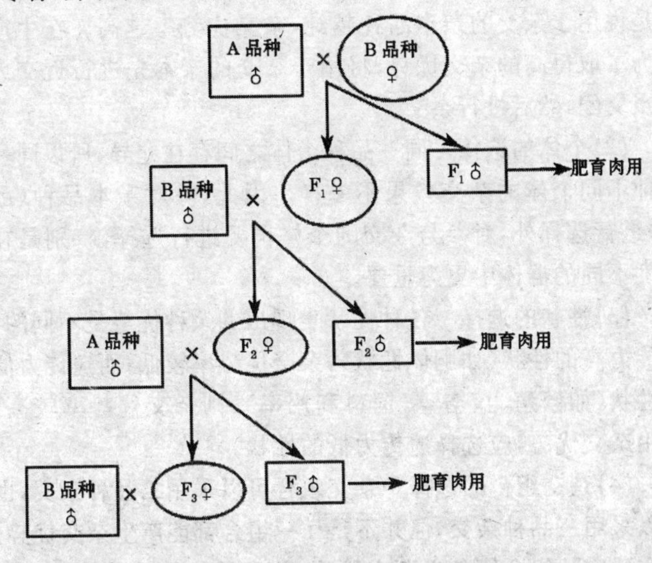

图 2-4　二品种轮回杂交示意图

14. 利用杂交优势应注意什么问题?

杂交优势利用已广泛应用于养牛业,以提高产奶量和肉牛的日增重、产肉量、饲料报酬,为了获得高的杂交优势率,充分利用杂交优势,应注意以下几个问题。

(1)亲本品种的选择　用于杂交的亲本品种双方在遗传上的差异越大,杂交优势越明显,即在杂交亲本之间的亲缘关系、地理分布以及经济类型等方面的差异越大,杂交优势越明显。如用江河型水牛与沼泽型水牛进行杂交,它们在亲缘关系、地理分布和经济类型等方面相距很远，差异很大，因此杂交优势也很明显。

杂交亲本在遗传上的纯度越高，杂交优势也越明显。也就是说用于杂交的亲本品种越纯，杂交优势率越高。在生产上为了取得高的杂交优势，将用于杂交的亲本先进行近交或近亲交配，然后进行杂交。

(2)个体的选择 同一品种个体之间存在差异，所以同一品种不同个体的杂交效果不一样。因此，除对亲本品种(品系)进行选择外，对参与杂交的个体也要进行选择，特别是在纯度不同的群体中更为重要。

(3)性状的选择 各种性状表现出的杂种优势是不同的。遗传力高的性状(如胴体性状)，杂交优势率较低；而遗传力低的性状(如繁殖力、增重、饲料利用率)，则杂交优势率较高。利用杂交优势，应选择遗传力低的性状。

(4)杂交组合的选择 杂交组合可以采用二品种杂交，也可以采用三品种杂交，但并不是任一组合都能产生杂交优势，只有适宜的组合才产生杂交优势，其中最优的品种组合才能产生最大的优势。因此，必须进行配合力测定，即通过杂交组合试验，筛选出生产性能好、适应性强、杂交优势明显、适于当地饲养条件的杂交组合方案，再进行推广。

(5)要改善对杂交后代的培育条件 杂交优势能否充分表现，依靠对杂种后代的培育条件，特别是应满足杂种牛的营养需要，否则杂交优势表现不出来，不能取得预期效果。如不少地区用摩拉牛改良当地水牛，杂种牛表现初生重提高很多，哺乳期增重效果也较好，但是断奶后增重显著下降，显然与断奶后营养供应不足有关。

15. 乳用水牛在外貌上应如何选择?

乳用水牛在体型外貌上，从整体上看，应表现为:皮薄骨细、被毛细短而有光泽、肌肉不甚发达、皮下脂肪沉积少、胸腹宽深、后躯和乳房十分发达、细致紧凑、从侧望、前望、上望均呈“楔形”(即倒三角形)。对不同部位的要求是:头轻、颈长而薄，头颈结合良好。鬐甲要平或稍高，不可凹陷或尖峭。背腰宽、长、直，结合良好。胸应长、宽、深，胸腔容积大，表示心、肺良好，血液循环旺盛。胸部是否长、宽，可从肋骨的弯曲度和肋间距的宽度来衡量，肋弯曲呈圆形，肋间距宽即表明胸部长、宽。腹大、宽、深，呈不规则的圆筒形，不宜下垂成“草腹”或收缩成卷腹。尻要宽、平和适当的长度，不宜有斜尻和尖尻、屋脊尻 。

乳房是乳用水牛最重要的部位，要求容积大，前部附着深广，向前延伸到腹部，后部附着要高，使后乳房充满于两大腿之间，并略突出于体躯的后方。4 个乳区发育匀称，4 个乳头长短粗细适中而呈圆柱形，乳头间距宽。乳房底线平坦，一般略高于飞节。乳房皮肤薄、细致、毛短而稀，乳静脉弯曲而明显。乳房内部腺体组织发育充分，乳房富有弹性，挤奶前后形状变异较大。挤奶前由于乳腺充满了奶，乳房饱满，左右乳区间形成明显的纵沟;挤奶后纵沟消失，乳房表面形成许多皱襞，乳房变得很柔软，不像挤奶前那样饱满而具有弹性，这种乳房腺体组织发达故称“腺体乳房”。如果乳房内部结缔组织和脂肪组织过度发育，这种乳房形状虽大，挤奶前后乳房体积差异不大，这种乳房叫“肉质乳房”，产奶量不会很高。还有所谓畸形乳房，是指在外形上及内部结构方面发育不正常的乳房。这种乳房在外形上主要表现为前后乳区和左右乳区明显分开，4 个乳区发育不匀称，以及乳头粗细、长短、数量等失常；从内部结构上则主要表现在腺体组织与结缔组织的比例失常或内部韧带松弛而形成肉质乳房、悬垂乳房和漏斗乳房。所有这些乳房，产奶量都低。

乳静脉是从乳房沿下腹部经过乳井到达胸部，汇合胸内静脉进入心脏的静脉血管，分左右 2 条。它们是由乳房向心脏输送大量血液的主要脉管，故要求乳静脉粗大、弯曲，而且分支多，尤其靠近腹壁的乳静脉更要求粗大、弯曲，并交叉成网状。乳井是乳静脉在第八、第九肋骨处进入胸腔所经过的孔道，它的大小是乳静脉粗细的标志。因此，在鉴定乳静脉时，尤其是在深层乳静脉表现不明显的情况下，更要借助于触摸乳井来判断乳静脉的发育情况。乳头应呈圆筒形，长为7～9 厘米，4 个乳头粗细、长短一致。乳头过长、过短和脂肪乳头都不合要求，无论用手工挤奶或机械挤奶均感不便。

16. 肉用水牛在外貌上应如何选择？

肉用水牛体型外貌应是体躯较低，四肢较短，全身肌肉丰满。从前望、侧望、上望和后望，均呈矩形（长方形）。与产肉性能最重要的相关部位是鬐甲、背腰、前胸和尻、股等。对这些部位总的要求是 4 个字：宽、平、深、厚。鬐甲要宽厚多肉，与背腰在一条直线上。前胸饱满，突出于两前肢之间。肋稍直立而弯曲度大。肋间距较窄。左右两肩与胸部结合良好，无凹陷，显得丰满多肉。背腰宽广、平直、多肉，中躯粗短呈圆筒形，不可蜷缩或下垂。尻部对肉牛特别重要，要求宽、长、平、直而多肉，忌尖尻，斜尻。大腿宽、深、厚、丰满。腰角丰圆,不可突出。坐骨端距离宽、厚实多肉。连接腰角、坐骨端与飞节三点,要拼成丰满多肉的三角形。中国水牛原为役用,短期内在体型外貌上不可能达到肉用牛的要求,但应向肉用方向进行选择,逐步提高其产肉性能。

17. 如何测量水牛的体尺?

测量牛的体尺、体重,目的是了解牛体格大小、体型结构、生长发育和营养状况,为进行鉴定和选种提供依据。测量哪些项目,根据实际需要确定,测量前需识别牛体各部位名称(图 2-5)。

为了测量数据的准确,牛应该站立在平坦的地面,四肢端正,前后肢均应在同一平行线上,头应自然前伸,不偏左、右,不上仰、下俯,测量时,部位一定要准确,测量工具使用前进行校正后方能使用(图 2-6)。

鬐甲高:又称体高,是从鬐甲最高到地面的垂直高度,用测杖测量。

体斜长:又称体长,是从肩端(肱骨前突起的最前点)到坐骨端(坐骨结节最后隆起部)的距离,用测杖或卷尺测量。

胸围:在肩胛骨后角处绕胸部 1 周的长,用卷尺测量,不可将卷尺拉得过紧或过松,以插入食指和中指能上下滑动为适度。

管围:为左前肢管骨下 1/3 最细处 1 周的围径,用卷尺测量。

前肢长:左前肢肘端至地面的垂直距离,用测杖或卷尺测量。

十字部高:量两腰角间连线中央至地面的垂直距离,用测

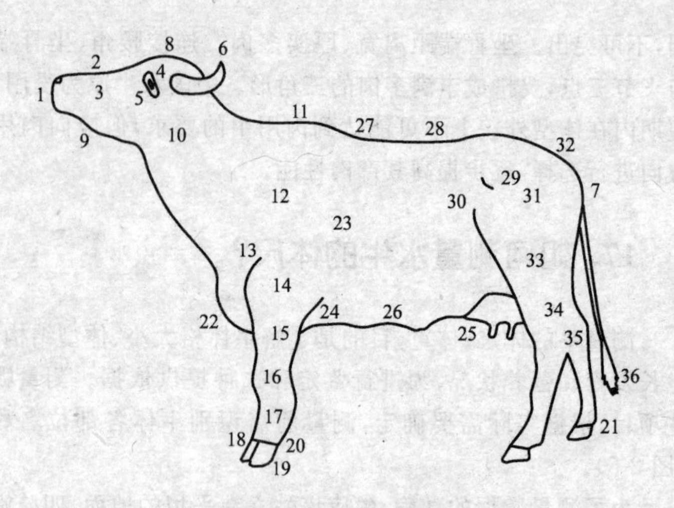

图 2-5 水牛身体各部位

1. 鼻镜 2. 鼻梁 3. 颊 4. 额 5. 眼 6. 角 7. 尾根 8. 额顶 9. 下颌 10. 颈 11. 鬐甲 12. 肩 13. 肩端 14. 臂 15. 肘端 16. 腕 17. 管 18. 球节 19. 蹄 20. 系 21. 悬蹄 22. 前胸 23. 胸 24. 前肋 25. 乳房 26. 腹 27. 背 28. 腰 29. 腰角 30. 膁 31. 臀(尻) 32. 臀端(尻端) 33. 大腿 34. 小腿 35. 飞节 36. 尾帚

杖测量。

坐骨高:坐骨结节上缘至地面的垂直距离,用测杖或钢卷尺测量。

腹围:以脐部为准,绕腹部 1 周的长。用卷尺测量,要求不松不紧。

尻长:腰角前缘至坐骨结节末端之长,用测杖或钢卷尺测量。

胸宽:在肩胛后角处,左右 2 个最高点间的水平距离,用测杖测量。

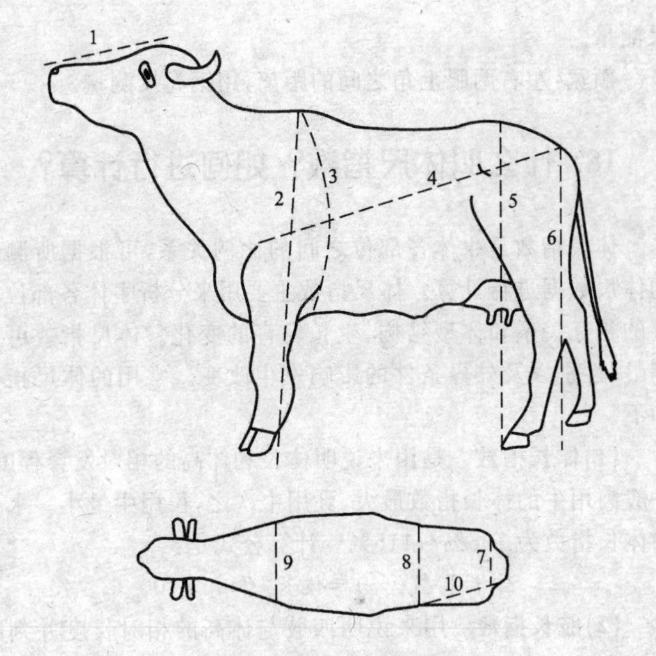

图 2-6　水牛体尺测量方法

1. 头长　2. 体高　3. 胸围　4. 体斜长　5. 十字部高
6. 臀端高　7. 臀端宽　8. 腰角宽　9. 胸宽　10. 尻长

腰角宽：左右腰角外缘间的水平距离，用测杖或钢卷尺测量。

坐骨宽：两个坐骨结节左右外缘间的水平距离，用骨盆器或钢卷尺测量。

胸深：在侧胸围处上部至胸骨下缘的垂直距离，用测杖测量。

腿围：从一侧后膝前缘绕过股间至对侧后膝前缘的水平半圆之长，用卷尺测量。

头长：从枕骨脊(头顶)上缘至鼻镜边缘间的距离，用钢卷尺测量。

额宽：左右两眼上角之间的距离，用钢卷尺测量。

18. 什么叫体尺指数？如何进行计算？

体尺指数是牛体各部位之间的比例关系，可根据所测量的体尺数据进行计算。体尺指数主要用来分析牛体各部位发育的相互关系和体型结构、生长发育的变化。体尺指数可因年龄、性别以及外界条件的影响发生改变。常用的体尺指数如下。

(1)体长指数 是用来说明体长和体高的相对发育程度。一般肉用牛的体长指数最大，乳用牛次之，役用牛最小。水牛的体长指数为106%～116%。计算公式是：

$$体长指数(\%)=体长/体高\times100$$

(2)肢长指数 用来说明四肢与体高的相对长度并判断牛的生长发育。在同一品种内该指数过大或过小可视为发育不全。计算公式是：

$$肢长指数=肢长/体高\times100\%$$

如果没有测量肢长，可用下列公式计算：

$$肢长指数=(体高-胸深)/体高\times100$$

水牛肢长指数为42%～45%。

(3)体躯指数 说明体躯容量的相对发育程度。役用牛和肉牛较乳牛为大，母牛稍大于公牛，水牛的体躯指数为130%～135%。计算方法：

$$体躯指数(\%)=胸围/体斜长\times100$$

(4)胸围指数 说明胸部的相对发育程度，水牛最大为150%～155%，肉用牛次之，乳用牛最小，计算方法：

胸围指数(%)=胸围/体高×100

(5)胸宽指数 说明胸部发育情况,胸宽和胸深在出生后保持着相应的生长发育状态,与年龄关系不显著。水牛胸宽指数为60%~62%,计算方法:

胸宽指数(%)=胸宽/胸深×100

(6)髋胸指数 说明胸部对髋部的相对发育程度,役用牛和肉用牛较乳用牛为大,公牛比母牛大,该指数随年龄增长而逐渐减少,计算方法:

髋胸指数(%)=胸宽/髋宽×100

(7)尻高指数 表示前后躯高度的相对发育情况,一般幼牛该指数较大,随年龄增长而逐渐缩小。役牛前高后低,尻高指数较小,公牛更小。计算方法:

尻高指数=尻高/体高×100

(8)尻宽指数 表示尻部发育情况,该指数大表明尻部发育良好,一般培育品种的尻宽指数较原始品种大,乳用牛、肉用牛较役用牛大。水牛的尻宽指数为50%~52%,计算方法:

尻宽指数(%)=坐骨端宽/腰角宽×100

(9)额宽指数 说明头部宽度的相对发育情况,水牛的额宽指数为46%~50%,公牛略大于母牛1~2个百分点。计算方法:

额宽指数(%)=最大额宽/头长×100

(10)头长指数 表示头与体躯的相对发育程度。水牛的头长指数为35%~37%,计算方法:

头长指数(%)=头长/体高×100

(11)管围指数 表示骨骼的相对发育程度,一般役用牛的管围指数最大,乳用牛次之,肉用牛最小。水牛的管围指数

17%～18%，计算方法：

$$管围指数(\%)=管围/体高\times100$$

19. 如何测量牛的体重？

体重的测量方法有实测法和估测法 2 种。

(1)实测法 一般采用平台式大地磅进行称重，或用 500 千克的磅秤称重，如体重超过 500 千克，可用 2 台这样的磅秤，平行放好，上面放置宽木板，牵牛站在木板上进行实测。实测法准确可靠，但每次称重应在早晨未采食或放牧前空腹进行，连续称重 2 次，取平均数。

(2)估测法 在没有地磅或磅秤进行实测时，采用估测法。估测的方法很多，但都是根据体重与体积的关系，通过公式计算出来的。由于牛种和品种的不同，其外形结构互有差异。因此，某一估测公式可能适合某一牛种或某一品种，不一定适合于另一牛种或品种，甚至估测结果与实测体重相差很大。因此，在实际工作中，不论采用何种估计公式，均应事先进行校核，对公式中的常数做必要的修正，以求准确。下面介绍两种水牛体重的估算公式：

$$体重(千克)=胸围^2(米)\times体斜长(米)\times80+50$$

$$体重(千克)=胸围^2(厘米)\times体斜长(厘米)\div12700$$

20. 牛的个体发育可分为哪几个阶段？

以犊牛出生时为界，可分为两大时期：出生之前为生前期，也叫胚胎时期，出生之后称为生后期。

(1)生前期 按胚胎发育特点，分为胚期、胎前期和胎儿期。胚期是从受精卵形成至合子分裂、分化成内脏器官如心、肝、肾、脑等原始部分，大约历时 34 天。胎前期是胚胎迅速形成各种器官组织的时期，而且通过绒毛膜与母体联系更为密切，大约历时 25 天(胎龄为 35～60 天)。胎儿期是胎儿逐步发育完全，体重迅速增大，尤以出生前 3 个月为增重最快的时期。

(2)生后期 是犊牛出生后直至经过青年、壮年、老年的一个较长时期。根据牛的生理状况，可划分为以下几个时期。

①新生期 从出生 7～10 日龄。这一时期是犊牛脱离母体，由完全被动地依赖母体血液供给养分转变成自主的吸吮母乳为生的过渡时期，而且某些功能，如体温调节功能还不太完善，需要护理。这时，母牛的奶成分与常乳不同(称为初乳)，其中含有丰富的蛋白质、矿物质、维生素和抗体等。新生牛以初乳为食，有利于提高本身的抵抗力，使小牛顺利度过新生阶段。

②哺乳期 指出生至断奶时期，肉牛多为 6～7 月龄，奶牛 3 月龄左右，水牛在自然哺乳的情况下哺乳到母牛干奶为止。此期犊牛由以母乳为主逐渐过渡到以草料为主，犊牛的体格、体重迅速增大。

③性成熟期 从断奶第一次发情称为性成熟期，水牛性成熟期为 1.5 岁左右。为了防止早配，应将已达性成熟年龄的青年公、母牛进行分群管理。

④成年期 牛的各种功能发育完善，生产力最高，体格已达到一生中的最大值。水牛达到成年的年龄为 6～7 岁。

⑤衰老期 机体的各种功能活力全面下降，生产性能，繁殖能力也衰退。

生产阶段的划分因牛的种类、品种不同而有差异。了解这些阶段的情况是为了做好选种选配，改进饲养管理，延长牛的生产年限，增加养牛经济效益。

21. 怎么选留犊牛？

可从以下 3 个方面进行。

（1）考察系谱 尤其是父、母亲的性能与表现情况。

（2）犊牛本身的生长发育状况 犊牛的初生重是胚胎期发育优劣的重要标志。水牛初生重是成年母牛体重的 5%～7%，初生重过小，说明生前发育不足，这种不足会影响到以后的体质健康、生长发育和生产性能。从出生至断奶称为哺乳期。哺乳期的增重和断奶时的体重是衡量犊牛生长发育状况的重要指标。水牛哺乳期平均日增重 500～700 克，均属正常。如果向肉用方向进行选择，哺乳期日增重宜较高。观察犊牛的生长发育状况应与饲养管理、犊牛的健康状况结合进行。如饲养管理不良、疾病等因素也会影响犊牛哺乳期增重。

（3）对犊牛进行外形鉴定 犊牛的外貌要符合本品种特征，结构良好，四肢端正，行动灵活，乳用母犊牛的乳头位置匀称，乳头较长，呈扁圆形，较软且呈现皱纹。对某些结构性或器质性缺陷，如凹背、两头尖（头部、后躯消瘦）、中间大（腹部膨大），肢端不正，上下额不齐，公犊隐睾或单睾，母犊阴部畸形等，不能留作种用。

22. 怎样选留母牛？

对乳用母牛的选留首先应注意对其本身生产性能（产奶量和奶的品质）的选择，以及对某些疾病（如乳房疾病、慢性病等)和健康状况加以考察。乳用母牛的生产性能,可从以下几个方面进行评定。

(1)产奶量 指一个泌乳期305天的产奶量,产奶量越高的牛,等级也高。比较不同牛的产奶量时,应换算成乳脂率4%的标准奶,并在饲养条件、胎次、健康状况相同的条件下进行。

(2)奶的质量 通常情况下,以乳脂率作为奶的质量指标,但乳蛋白率、非脂固体物比率这2项已越来越被人们所重视,常列入评定奶质量的指标。

(3)排乳速度 挤奶时,平均每分钟挤出奶的数量表示排乳速度(千克/分)。在大型牛场用机器挤奶时,要求排乳速度快。

(4)前乳房指数 即前乳房奶量与总奶量之比,计算方法:

前乳房指数(%)=前乳房奶量/总奶量×100%

(5)泌乳的均匀性 指一个泌乳期中,产奶量的稳定情况。高产稳产奶牛的泌乳特点是:在一个泌乳期中的最初3个月泌乳量占总产奶量的34%左右,第二个3月份(4~6月)为31.5%,第三个3月份(7~9月)则为31%;最后1个月,即第十个泌乳月的产奶量占总产奶量的3%~5%。

要对乳用母牛产奶性能做出准确评定,平时必须做好产奶记录,定期进行奶的品质测定。此外,对乳用母牛的繁殖力、长寿性、生长发育、健康状况、祖代的生产性能、外貌等的选择,都不可忽视,特别是国内外对乳用母牛的外形要求均比较严格,实行外貌与产量并重的方针。乳用水牛的外貌要求,可参看36题。

23. 怎样选留种公牛？

种公牛的选择，除应注意对祖代的评定、个体生长发育、体质健康及外貌的评定外，更应注意对后代的评定，因为决定种公牛性能优劣的根本标志，是后代的品质。否则，祖代和本身的品质都很好，而后代品质表现不好，也无种用价值。所以，对种公牛的选择，进行后裔测定是非常重要的。

后裔测定的方法是：将经过系谱考察、生长发育和体质外貌评定后评选出的优良后备种公牛，待长到性成熟时，随机与一定数量的母牛进行配种，一般配 80～200 头母牛。待这些母牛产犊后，按时测定犊牛生长发育、体型外貌和健康情况，并详细记录。等到犊牛长到配种年龄时进行配种，第一次产犊后，详细测定、记录产奶量和奶的品质。对于肉牛，则测定所生犊牛的出生重，不同月龄的体尺、体重，并进行催肥和屠宰测定，评定其产肉性能、胴体品质及饲料报酬。最后根据这些资料对初选定的种牛进行比较测定，将后裔表现好的公牛留种，差的淘汰。这种方法选种的准确性很高，但费时很长，需要 3～5 年，水牛由于性成熟较晚，世代间隔较长，需时更长，为 6～7 年，而且需要有一定的饲料投资和设备条件。

对被测公牛后裔成绩的评定可采用母女比较法，即对被测公牛女儿的产奶性能或其他性能与其母亲的相应性能加以比较，通过比较来评判被测公牛的性能，由此确定被测公牛的优劣。母女成绩比较的方法，可以依下述公式进行。

$$S=2D-M$$

式中：S——公牛指数

D——女儿平均测定值

M——母亲牛平均测定值

例如：有2头被测的摩拉公牛，以母女比较法测定其产奶性能的遗传情况。已知甲公牛有5头女儿，其头胎平均产奶量为2 000千克，公牛配偶（女儿的母亲）头胎的平均产奶量为1 900千克；而乙公牛有6头女儿，其头胎平均产奶量是2 050千克，而其母亲的头胎平均产奶量是1 950千克，那么这两头公牛哪头为优呢？

按上述公式进行比较，则为：

甲牛：$S=2\times2000-1900=2100$

乙牛：$S=2\times2050-1950=2150$

由计算结果看出，甲牛指数为2 100（千克），乙牛指数为2 150（千克），可见，乙牛好于甲牛。

这只是以产奶性能为例说明这种指数的用法，其他性能指标，也可以按此法进行比较。这种方法简便可行，可以同时评定1头或数头公牛。其他尚有很多方法，但比较复杂，不做介绍。

24. 怎样防止近交？

近交是指公、母牛血缘关系很近组成的交配组合。近交的危害是使近交后代的生活力和生产性能降低，生长发育减慢，初生重和2岁时体重明显下降、流产或犊牛死亡率增加，或出现畸形胎儿。所以，要防止无目的的近亲交配。防止的方法是：首先在制订交配计划时，要注意查清公、母双方有无亲缘关系及其亲缘程度，及时把有亲缘关系的公、母牛分开。其次是对放牧牛群，不在本牛群内选留种公牛配种，每隔4～5年从外地补进更换一次种公牛。第三是注意对牛群进行观察，发现有犊牛发育不正常（锁肛、瞎眼、上下颌不齐等实质性毛病）、畸形或连续产出弱犊时，应及时更换种公牛。

25. 引种需要注意哪些事项？

引种是指在本地（场）没有的品种，需要从外地（场）引进繁殖饲养进行商品生产或更换种畜用来改良和提高本地牛的生产性能。为了发展养牛业，引种是经常进行的。引种的方式有：引进活体（活体引种），引进精子或胚胎（细胞引种）。无论用哪种方式，都应注意以下几点。

第一，引进新的品种，要有明确的目的，不可盲目引进。对所要引进的牛有什么优缺点，能否适应引进地区的生态条件；与本地品种比较，有什么特征特性可取，有什么缺点，都要仔细了解，做到心中有数。

第二，开始引进以少为宜，引进之后进行观察、研究，看效果如何，不可贸然行事，以免造成大的经济损失。引种时，要对引进个体进行选择，收集和了解其系谱、生长发育、生产性能等方面的资料，以防以劣充优，引进劣质牛。

第三，要严格检疫。千万不能把病牛（特别是慢性传染病或潜伏期长的传染病）引入。如果检疫不严，甚至把本地不曾发生过的疾病引入，将贻害无穷，造成更大的经济损失。

第四，引进后要严格进行隔离观察。种牛引进后，要严格隔离观察1个月，并每天按时检查体温等各项生理指标。观察期间未发现异常体征现象，方可解除隔离观察。

三、水牛的泌乳性能

1. 水牛乳房形态与结构怎样?

水牛乳房近似碗形或盆形,附着于后躯股部之间和耻骨区,由两条侧韧带将乳房固定在腹壁。乳房皮肤薄而柔软,毛细而稀,由前、后两对乳房合并而成。前乳房向前延伸至腹部和腰角前缘;后乳房向股间的后上方延伸至两股汇合处。乳房中央有一浅的矢状沟,为左右两个乳房的分界,每半边乳房又有一浅横沟,为前后乳房的分界,形成前后左右互不相通的4个乳丘。乳丘明显,呈锥状,乳丘下端为乳头。一般前1对乳丘较后1对乳丘大,乳头之间的距离也较后一对乳头宽。乳头为圆柱状,乳头数4个,对称排列,有附乳头或3个乳头的乳房很罕见。前乳头平均长4.25±1.04厘米,后乳头平均长6.13±1.22厘米;前乳头之间的距离为12.31±1.91厘米,后乳头之间的距离为6.75±1.75厘米。乳房表面不如乳牛有众多明显的血管分布,乳井小,乳镜不明显。乳房的大小与年龄、泌乳期有关,成年水牛泌乳盛期的乳房比较发达,据对第二至第五胎泌乳母牛的测定,水牛乳房围径平均为81.25±19.45厘米,乳房深度为8.0±2.56厘米。乳房围径和乳房深度与产奶量成正强相关,相关系数分别为0.7755和0.7832,相关系数显著($P<0.05$)。江河型水牛乳房较沼泽型水牛发达,乳房围径110~127厘米,故产奶量也较沼泽型水牛高。乳头中央为乳头管,向上通到乳头乳池,末端为乳头孔。在乳头开口处围绕有一层括约肌,水牛括约肌层较厚,紧

张度较高，乳头孔较狭窄，故水牛手工挤奶较费力。

乳房内部由血管、淋巴管、神经组织、腺体组织和结缔组织组成。腺体组织由乳腺泡和乳导管系统构成。结缔组织用以保护和支撑腺体组织，并将腺泡分成若干小叶。乳腺泡由一层分泌上皮构成，是生成乳汁的部位，与一条细小的乳导管相通，细小导管相互汇合成中等粗的乳导管，再汇合成粗大的乳导管，最后通向乳池。大导管的数目，因部位不同有差异，水牛的前1对乳区有9～11条，后1对乳区有5～7条。乳池是乳房下部和乳头内贮存乳汁的地方，水牛乳池很小(图3-1)。

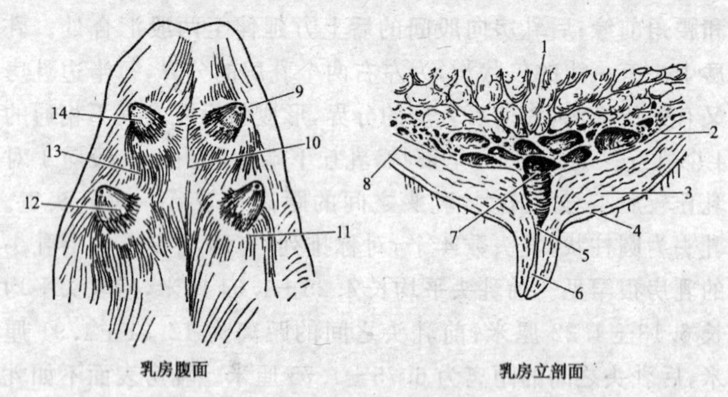

图3-1　水牛乳房结构

1. 乳房小叶　2. 侧韧带　3. 结缔组织　4. 皮肤　5. 乳头乳池　6. 乳头管　7. 乳腺乳池　8. 乳道　9. 乳头管口　10. 矢状沟　11. 乳丘　12. 前乳头　13. 浅横沟　14. 后乳头

2. 母牛乳腺发育有何规律?

幼畜阶段乳腺尚未发育，雌雄两性的乳腺无明显差别。随着年龄的增长，雌性乳腺中的结缔组织和脂肪组织增加，从幼年到初情期时，乳腺的导管系统开始生长，形成分支复杂的细小导管系统，而腺泡一般还没有形成，乳房体积逐渐膨大，以后随着每一次发情周期的出现，乳房继续发育。

母牛妊娠后，乳腺组织生长比较迅速，乳导管的数量继续增加，并且每个细小导管的末端开始形成没有分泌腔的腺泡。到妊娠中期，乳腺泡逐渐出现分泌腔，腺泡和导管的体积逐渐增大，神经纤维和毛细血管也显著增多。到妊娠后期，腺泡的分泌上皮开始具有分泌功能，乳房的结构也达到了乳房发育的标准状态。临分娩前，腺泡分泌初乳，分娩后，乳腺开始正常的分泌活动，经过一段时间的泌乳活动之后，泌乳量逐渐减少，腺泡体积又重新逐渐变小，分泌腔也逐渐消失，细小乳导管萎缩，直至泌乳活动停止。到第二次妊娠时，乳房的腺体组织又重新生长发育，并在分娩后开始第二次泌乳活动。到第四胎时，乳腺发育程度和泌乳量达到峰值。此后随着母牛年龄的增长，胎次增加，乳腺的发育程度随之减退，泌乳量也相应减少。可见，乳腺的生长发育呈现明显的周期性变化，这些变化是由激素和中枢神经系统调节和支配。

3. 奶是怎样生成的?

奶的生成不只是靠乳腺的活动，而是整个机体参与的生理过程。奶的生成是在乳腺泡和细小导管的分泌上皮细胞内进行的，包括一系列新物质的合成和复杂的选择性吸收过程。奶的营养物质由血液供给，每生成 1 单位的乳汁，要有 500～670 单位的血液流经乳房。产奶量高的母牛必须有一个良好的血液循环系统，保证母牛泌乳的营养物质的供应。

乳腺的分泌上皮细胞由细胞核、细胞质、细胞膜以及粒腺体、核糖体、高尔基体、内质网等组成。乳腺细胞膜是具有选择性的半透膜，当血液中的营养物质进入乳腺细胞时，有些物质很容易通过细胞膜，被乳腺吸收浓缩，有些血液中的营养物质则被排除在外，不被吸收。

奶中的蛋白质、脂肪和糖是乳腺从血液中吸收的原料，经过复杂的生化过程而合成，其中乳脂和乳糖比血液中的脂肪和糖高出几十倍和上百倍，性质也不相同。奶中酪蛋白、α-白蛋白、β-球蛋白是由血液中的游离氨基酸通过乳腺分泌上皮细胞所合成，约占乳蛋白质总量的 90%。乳中的免疫球蛋白、血清蛋白和 γ-酪蛋白，约占乳蛋白质总量的 10%，是乳腺细胞从血液蛋白质直接吸收的。奶中的糖类主要是乳糖，它是由 1 个分子的葡萄糖和 1 个分子的半乳糖组成的双糖。乳糖是在乳糖合成酶的催化作用下，将血液中的部分葡萄糖在乳腺内转化成半乳糖，然后再与另一个分子的葡萄糖结合成乳糖。奶脂肪是甘油三酯的混合物，约由各 50% 的短链脂肪酸和长链脂肪酸组成。乳脂肪含饱和脂肪酸的比例高。乳腺分泌细胞不能合成维生素和矿物质，奶中所有的维生素和矿物质都由血液提供。

4. 奶是怎样分泌和排出的?

奶的分泌与排出是一种复杂的乳腺活动过程，受内分泌和神经系统的调节，特别是中枢神经系统起着主导作用。

奶的分泌包括引起分泌和维持泌乳两个过程。分娩后孕酮水平急剧下降，催乳激素迅速释放，在催乳素的作用下引起泌乳。以后血液内维持一定水平的催乳素以维持泌乳。泌乳期间奶的分泌是持续不断的，刚挤完奶时奶的分泌速度达到最高，到下次挤奶之前降到最低，因此在2次挤奶之间，乳汁充满于乳腺胞腔和输奶管内，因而引起神经体液调节作用的结果。

排乳或放乳过程是奶从乳腺泡腔和输乳管中排到乳池中，然后经乳头管从乳头孔排出。奶的排出是神经和内分泌的反射作用。水牛哺乳时，一般需要经过犊牛冲撞乳房及吸吮乳头约30秒钟后，才引起排乳。排乳最先排出的是乳池乳。据南京农业大学韩正康等，用30头中国水牛的研究资料指出，中国水牛基本没有乳池奶，反射奶平均为1 212毫升，占整个乳腺总泌乳量的90.45%，残余乳为128毫升，占乳腺总泌乳量的9.55%。排乳反射的潜伏期，个体之间的差异很大，少数个体不到1分钟，多数个体在1～2分钟，也有超过2分钟的。因此，对中国水牛挤奶，必须充分按摩乳房，以促进排乳。水牛乳池奶量少，占总乳量的比例低，尤其是本地水牛乳池奶几乎等于0，摩拉水牛为5.24%，尼里-拉菲水牛为3.13%，(摩拉×本地)F_1×尼里-拉菲3品种杂种水牛为2.58%，而奶牛的乳池奶可达总奶量的48%，可见乳池奶量低是水牛产奶量低的原因之一。

5. 水牛奶的化学成分怎样？

中国水牛乳汁浓稠，味香纯正，营养丰富，南京农业大学韩正康等测定，中国水牛反射乳干物质为22.3%，其中乳脂率10.36%，非脂干物质12.1%；残余乳中干物质为25.83%，其中乳脂率14.99%，非脂干物质为10.84%，残余乳的乳脂率较反射乳的乳脂率高4.63个百分点。四川农业大学史荣仙的测定结果表明，中国水牛奶的干物质为22.1%，其中乳脂率10.3%，乳蛋白5.5%，灰分0.82%，使用水牛脱脂奶粉测定氨基酸总含量为56.13%，其中人体必需氨基酸占8种，为20.65%，非必需氨基酸为35.48%，必需氨基酸与非必需氨基酸之比为0.58∶1。华南农业大学韩刚等对广东湛江、汕头地方70头水牛测定结果表明，中国水牛奶干物质为22.64%±9.2%，脂肪11.04%±1.51%，蛋白质5.86%±0.54%，乳糖4.86%±0.45%，灰分0.86%±0.05%，钙0.217%±0.002%，磷0.138%±0.001%，各种微量元素和维生素的含量，铁0.29±0.12微克/克，镁20.3±3.4微克/克，铜0.01±0.002微克/克，锌0.63±0.10微克/克，维生素A 0.40±0.15微克/克，维生素D 13.1±6.7微克/克，维生素B_1 0.17±0.04微克/克，维生素B_2 1.68±0.27微克/克。各种氨基酸的含量见表3-1。

表3-1 中国水牛奶氨基酸含量 （毫克/100毫升）

氨基酸名称	含量	氨基酸名称	含量
异亮氨酸 Ile	314.49	丙氨酸 Ala	189.50
亮氨酸 Leu	574.06	精氨酸 Arg	143.10
赖氨酸 Lys	403.61	天冬氨酸 Asp	433.69
蛋氨酸 Met	169.95	谷氨酸 Glu	1138.40
苯丙氨酸 Phe	286.75	甘氨酸 Gly	118.71
苏氨酸 Thr	251.74	组氨酸 His	148.45
缬氨酸 Val	335.2	丝氨酸 Ser	317.50
色氨酸 Try	76.80	脯氨酸 Pro	625.20
胱氨酸 Cys	64.91	酪氨酸 Tyr	238.23

可见，水牛奶中人体所必需的氨基酸、维生素含量丰富，钙的含量也较高，适于儿童、老人和孕妇饮用。奶中含钙量

高，可缩短凝乳时间，有利于奶的消化和吸收。

中国水牛奶的营养成分高于江河型水牛、杂种水牛，也高于其他家畜和人奶，详见表 3-2。

表 3-2 各种奶营养成分比较表 （%）

	干物质	乳 脂	乳蛋白质	乳 糖	干酪素	灰 分
中国水牛奶	21.75	10.80	5.26	4.88	4.70	0.80
江河型水牛奶	16～18	7～8	4～5	4～6	—	0.70
杂种水牛奶	19～20	8～9	5.0	4～5	—	0.76
奶牛奶	12.50	3.65	3.20	4.81	—	0.70
山羊奶	13.90	4.40	4.10	4.40	3.30	0.80
马 奶	10.50	1.60	1.90	6.40	4.30	0.34
人 奶	12.42	3.74	2.10	6.37	0.80	0.03

6. 水牛奶的物理特性怎样？

水牛奶颜色乳白，不含胡萝卜素，水牛对胡萝卜素转化能力强，全部转化成维生素 A 进入奶中。水牛奶的比重为 1.03，pH 6.8～7.0，荧光反应在3537埃和 3650 埃不同波长的紫外光照射下分别为浅蓝色和微蓝白色，折光率为 1.3555。乳脂外观为乳白色，气味芳香，均匀致密，微带光泽，脂肪球的密度为 3.168×10^{6} 毫克/毫米^{3}，脂肪球直径平均为 5.68 微米，乳脂的折光率为 1.459，凝固点 20.65℃，融点为 29.26℃，碘价（碘值）为 31.82，皂化价（皂化值）196.1。华南农业大学对中国水牛奶、摩拉水牛奶、荷斯坦奶牛奶进行比较测定，结果表明，荷斯坦奶牛奶与水牛奶相比，比重低，酸度较高，脂肪球小，密度也较低，如表 3-3 所示。

表 3-3 3 种不同牛奶的比重、酸度和脂肪性质的比较

奶 别	比 重	pH	酸度（^{0}T）	脂肪球直径（微米）	脂肪球密度（百万毫克/毫米^{3}）	折光系数	碘 值	皂化值
中国水牛奶	1.0308	6.86	14.6	5.62	3.22	1.45424	30.20	202.60
摩拉水牛奶	1.0301	6.72	14.8	5.01	3.20	1.45338	29.40	230.10
荷斯坦奶牛奶	1.0275	6.69	16.1	3.85	2.96	1.44703	34.40	227.20

水牛奶的脂肪球表面包有一层磷脂蛋白薄膜，使脂肪球之间彼此分离，如果强烈振动，薄膜破坏，则脂肪球互相黏合析出，乳脂易于分离。水牛奶的蛋白质主要是酪蛋白质，其次是乳清蛋白质和乳球蛋白质。水牛奶酪蛋白质的胶粒体积大，有利于奶凝集形成具有特性的胶体状态和良好的蛋白质网络结构，这是水牛奶适宜于加工生产市场需求量大的高端奶酪制品的理化特性。

7. 中国水牛泌乳期多长？产奶量是多少？

中国水牛是发育较慢，成熟较晚的家畜。据对各地水牛的观察，中国水牛的性成熟期平均为 16～20 月龄，性成熟期体重为成年体重的 50%～60%。中国水牛的初配年龄一般在 2.5 岁左右，这时的体重为成年体重的 70%～75%。中国水牛的妊娠期平均 320～330 天，产第一胎的年龄为 3.5 岁左右。母牛从产犊后开始泌乳到下次产犊前泌乳结束，为1个泌乳期。

中国水牛泌乳天数平均8～9个月，但个体差异很大，初产牛和经产牛也有差异。四川农业大学肖永祚等对四川洪雅地方水牛的研究，第一个泌乳期短，平均为228天。浙江省瑞安县对农村群众饲养的挤奶水牛的统计，第一个泌乳期平均为213.8天，二胎以上平均239.9天(156～364天)，另据10头水牛资料为279.8(215～375)天。广州市新州牧场对72头水牛157个泌乳期的统计，泌乳期在270天以下的占8.3%，270～300天的占25%，300天以上的占66.7%。

中国水牛平均每个泌乳期的产奶量为700～800千克。福建省福安县畜牧局14头福安地方水牛资料，平均泌乳期产奶量为519.6千克。福建省漳州市家畜育种站资料，平均泌乳期(297天)产奶量为713千克。重庆市涪陵地区畜牧局资料，平均泌乳期产奶量587.9千克，平均日产奶3～4千克。浙江省瑞安县畜牧局资料，平均泌乳期产奶量1030.5千克，其中有3头母牛在1500千克以上，最高为1982.2千克。广州市新州畜牧场对72头地方水牛157个泌乳期挤奶量的统计，平均泌乳期300天的产奶量为762.14千克，其中800千克以上者为37.5%，1000千克以上的为4.2%。

中国水牛长期役用，且劳动强度大，故泌乳期较短，产奶量较低，但江河型水牛的泌乳性能较好，据广西畜牧研究所饲养观察：53头尼里-拉菲水牛164个泌乳期的资料，平均泌乳期为316.8±83.6天，泌乳期平均产奶量为2262.1±663.0千克；摩拉水牛65头237个泌乳期资料，平均泌乳期为324.7±73.6天，泌乳期产奶量1886.0±679.6千克。另据黄海鹏等参加埃及首届水牛生产会议资料，巴基斯坦对6000

头尼里-拉菲母牛统计，平均产奶 1700 千克，印度为 1800 千克，旁遮普大学有 52 头高产摩拉母牛达 4200 千克，最高日产奶 23.3 千克。埃及为 1765.8 千克，高产群为 2170 千克。意大利野马牧场 1600 头水牛，平均产奶量 1500 千克，高产的达 3000 千克。保加利亚的地中海水牛产奶量为 1700 千克，乳脂率为 7.5%，摩拉水牛为 2300 千克，乳脂率为 7.49%，有一个 300 头的高产群为 2700 千克。可见，我国引进饲养的江河型品种水牛的产奶量已接近国外先进水平。

8. 中国改良水牛的泌乳性能怎样？

1956 年印度在武汉举办贸易展览，当时展出一对摩拉水牛，展出结束后，即将此对水牛赠送给我国，当时饲养在武汉市东西湖农场，以后转到湖北“五三”农场，进行繁殖并改良当地水牛。1957 年我国正式从印度引进摩拉水牛 55 头，分别饲养在广西畜牧研究所和广东省燕塘农场，并先后开始杂交改良中国水牛，以期提高中国水牛乳、肉、役用生产性能。1974 年从巴基斯坦引进尼里-拉菲水牛公、母共 50 头，分别饲养在广西畜牧研究所和湖北省桑梓湖畜牧良种场，引进后除大力进行繁殖、扩大纯种牛群外，大力开展使用冷冻精液人工授精杂交改良中国水牛，现全国已有改良水牛 100 多万头，多作役用，用于挤奶的仍很少，但改良牛的泌乳性能有很大提高。据广州市新州农场资料，摩杂一代 202 个泌乳期 300 天平均产奶量为 1658.5 千克，乳脂率 8.87%，摩杂二代与摩杂一代的产奶量相近，泌乳期 300 天平均产奶量 1692 千克。广西柳州畜牧研究所资料，摩杂一代平均产奶量为 1153.7±397.5 千克，平均泌乳期 291.7±66.1 天，平均乳脂率为

7.54%。湖北“五三”农场资料，摩杂一代305天平均泌乳量为1923.1千克，乳脂率为7.38%，最高日产奶11.3千克。漳州市家畜育种站16头摩杂一代23个泌乳期统计，平均泌乳期332天，泌乳期平均产奶量1639.5千克，最高日产奶11千克，平均日产奶4.9千克。四川省雅安市畜牧局资料，摩杂一代305天平均产奶量1319.11千克(900～1628千克)，乳脂率为8.9%。云南昆明小哨农场摩杂一代泌乳期305天平均产奶量为2015.38千克。南京市多种经营管理局资料，摩杂一代第二胎泌乳期(303.5天)平均产奶量为1198.85千克。浙江瑞安金泰春对173头尼杂一、二代产奶资料统计，平均泌乳期产奶量为2231.8千克。广西柳州种畜场资料，三品种杂交水牛平均泌乳期324.2±81.0天，泌乳期产奶量1839.1±539.4千克。广西畜牧研究所各品种杂交水牛的改良效果如表3-4所示。

表3-4 各品种杂交水牛泌乳量比较

品种＼项目	泌乳期数	泌乳期天数	泌乳量(千克)	305天校正泌乳量(千克)	最高日产(千克)
摩杂 F_1	241	280.1±76.1	1233.3±529.7	—	16.50
摩杂 F_2	54	303.2±83.1	1585.5±620.6	—	13.00
尼杂 F_1	45	326.7±96.4	2041.2±540.9	2060.7±386.2	16.65
尼杂 F_2	20	325.8±93.2	2267.6±774.8	2298.4±604.4	18.37
三品杂	168	317.6±78.4	2294.6±772.1	2348.0±533.2	18.80
三品杂子一代	170	329.1±80.8	1994.9±635.0	2048.5±530.9	18.50
摩拉	237	324.7±73.6	2132.9±578.3	2117.1±430.0	17.4
尼里-拉菲	164	316.8±83.6	2262.1±663.0	2366.4±561.6	18.4

以上资料说明，中国水牛用江河型水牛品种改良效果好，泌乳性能接近江河型水牛的泌乳量，而乳脂率高于江河型水牛，保存了中国水牛乳脂率高的优良特性。

9. 水牛不同胎次泌乳期的产奶量有何变化？

水牛泌乳期产奶量与年龄和胎次有密切关系，沼泽型水牛泌乳期产奶量第一胎产奶量较低，一般在第三或第四个泌乳期，年龄在 10 岁左右，达到高峰。如以第四胎产奶量为 100%，则第一胎为 76.6%，第二胎为 84.2%，第三胎为 94.6%，第五胎为 98%，以后泌乳期产奶量仍保持相对稳定，可见，水牛作为乳用是使用年限很长的家畜。江河型水牛在第二胎进入产奶高峰期，维持到第四至第五胎，以后缓慢下降。如尼里-拉菲水牛，第二胎产奶量为 100%，到第五胎时下降为 77.83%，第十胎时下降至 28.55%。

10. 水牛泌乳期各泌乳月的产奶量和奶的成分有何变化？

水牛泌乳期各泌乳月的产奶量呈规律性变化。中国水牛在分娩后的第一个泌乳月泌乳量即达到高峰，江河型水牛在第二个泌乳月达到高峰，以后慢慢下降。中国温州水牛泌乳期内各泌乳月的变化如表 3-5。

表 3-5　中国温州水牛各泌乳月产奶量　（单位：千克，%）

泌乳月	1	2	3	4	5	6	7	8	9	10	合　计
月产奶量	128.2	122.3	103.9	94.6	81.8	71.9	62.3	54.8	51.5	50.5	821.9
占产奶总量%	15.6	14.9	12.7	11.5	9.9	8.8	7.6	6.6	6.25	6.15	100
日产奶量	4.16	4.01	3.41	3.07	2.62	2.36	2.05	1.79	1.71	1.88	2.74

以第一个泌乳月产奶量为 1，以后各泌乳月依次为 0.95、0.81、0.74、0.64、0.56、0.49、0.43、0.40、0.39。各泌乳月的产奶量逐月平稳下降，如图 3-2。

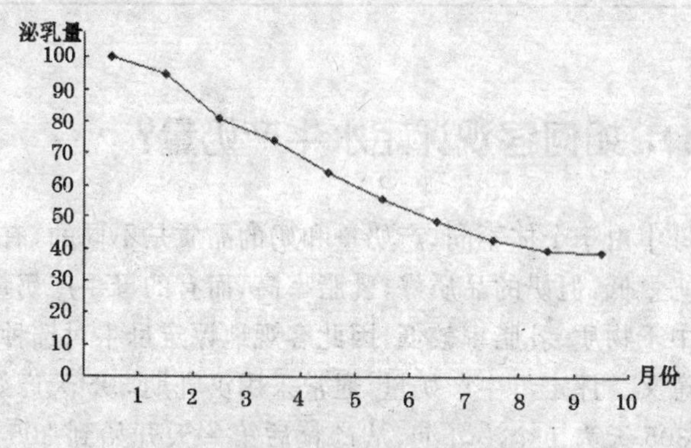

图 3-2　中国水牛泌乳曲线图

乳的成分随各泌乳月泌乳量的变化而变化，如江河型水牛泌乳高峰在第二个月，而奶中干物质、脂肪下降；第三个泌乳月以后，产奶量逐渐下降，奶中干物质、脂肪则逐渐上升，如表 3-6。

表 3-6 尼杂水牛不同泌乳月奶成分变化

泌乳月	干物质	脂 肪	蛋白质	乳 糖	灰 分
1	19.14	8.40	5.93	4.55	0.82
2	18.37	7.60	5.65	4.36	0.77
3	18.79	7.91	4.49	5.61	0.78
4	19.24	8.05	4.51	4.95	0.72
5	19.81	8.93	4.55	5.06	0.79
6	20.99	9.33	4.95	5.81	0.74
7	20.90	9.54	5.59	5.06	0.71
8	21.45	10.63	5.11	5.07	0.75

11. 如何客观评定水牛产奶量?

母牛由于个体不同,产奶量和奶的品质是不同的,有的母牛产奶量低,但奶的品质好,乳脂率高,而有的母牛产奶量高,但奶中干物质、乳脂率较低,因此客观地评定母牛对选种有着重要意义。评定母牛产奶量,通常采用泌乳期 305 天产奶量,即以 305 天为 1 个泌乳期,从产犊后第一天开始到 305 天为止的总产奶量,产奶不足 305 天者,以实际产奶量作为一个泌乳期(305 天)的产奶量,产奶超过 305 天者,超出部分不计算在内。

评定母牛鲜奶质量的主要指标是乳脂率、乳脂量、乳蛋白率和乳中干物质。不同个体母牛所产奶的含脂率是不一样的,应校正为含脂率 4%的标准乳,1 千克含脂率 4%标准乳产生的热量是 747.5 千卡,1 千克乳脂所产生的热量等于 1

千克4%标准乳的15倍，1千克非脂干物质所产生的热量等于1千克标准乳的0.4倍。根据热能当量就可以得出4%校正标准乳的计算公式：

$$4\%标准乳 = M \times 0.4 + 0.15MF$$

式中：M为产奶量，F为乳脂率。

例如：甲水牛产奶量1500千克，乳脂率8%；乙水牛产奶量1700千克，奶脂率5.5%，换算为标准乳为

甲牛：4%的标准乳 $= 1500 \times 0.4 + 0.15 \times 1500 \times 8 = 2400$ 千克

乙牛：4%的标准乳 $= 1700 \times 0.4 + 0.15 \times 1700 \times 5.5 = 2082.5$ 千克

经换算为4%的标准乳后，可见甲牛产奶量高于乙牛。

为了评定更为客观，在实践中规定乳脂率和乳蛋白率的测定在1、3、5胎次的2、5、8泌乳月进行。

12. 影响水牛产奶量和品质的主要因素有哪些？

影响水牛产奶量和品质的因素很多，主要包括遗传、生理和环境3个方面。遗传因素包括品种、个体；生理因素包括年龄、胎次、泌乳期、初产年龄、干奶期、内分泌激素等；环境因素包括饲料、饲养管理、挤奶和乳房按摩、产犊季节和环境温度的变化。如江河型水牛较沼泽型水牛的产奶量高，但沼泽型水牛的乳脂率较江河型水牛更高，这是遗传因素的影响。饲料种类和品质对产奶量和品质影响也很大，如充分饲喂品质优良的青饲料能显著提高产奶量。品质优良的青干草则有利于提高乳脂率。从目前我国水牛现状来看，改变遗传性、提高

产奶量更为快捷。因此，应用江河型水牛中的优良乳用品种改良我国水牛，使其获得高产的乳用性能，在此基础上加强选育和改进饲养管理，使高产乳用性能充分表现出来。品种是高产奶量的基因库，是创造高产牛的前提，饲养管理和幼牛培育等技术是发挥产奶能力的技术关键。如果没有正确的饲养管理和环境条件，品种再好，也不能充分发挥其应有的生产潜力。必须把品种和饲养管理有机地结合起来，才能达到高产、稳产。

13. 产犊季节对产奶量有什么影响?

母牛的产犊季节对产奶量有一定的影响。母牛最适宜的产犊季节是冬季和早春(12、1、2、3 各月)，因为母牛在分娩后的泌乳旺期，恰好在青绿饲料丰富和气候温和的季节，母牛体内催乳素分泌旺盛，又无蚊、蝇侵扰，有利于产奶量的提高。其次是春季和秋季(4、5、9、10、11 各月)。夏季产犊虽然饲料条件好，但气候闷热，蚊、蝇骚扰，母牛食欲较差，影响泌乳量。印度(1983 年)对摩拉水牛 1466 个泌乳期，不同产犊季节对产奶量影响的研究表明，母牛冬季产犊的泌乳量高，为 1621±35 千克，夏季产犊的泌乳量低，为 1465±28 千克。

14. 激素对水牛乳腺发育和产奶量有何影响?

影响水牛乳腺发育和泌乳的激素很多，主要有雌激素、孕酮、垂体前叶催乳素、生长素、甲状腺和肾上腺分泌激素和胎盘激素等。各种激素的功能是：雌激素能促进乳腺导管系统的生长发育；孕酮与雌激素协同，能促进乳腺泡的生长和发育；同时，孕酮对增加每单位体积的分泌上皮表面积起着重要作用；垂体前叶分泌的催乳素，能促进泌乳，使母牛分娩后乳腺内形成大量乳汁；生长素能促进乳腺的生长发育；甲状腺肾上腺分泌激素，能促进物质代谢和营养的转化，以提高产奶量。胎盘激素，内含生乳素，有类似垂体前叶激素的作用。此外，催产素作用于乳腺，能使腺泡肌上皮细胞收缩，有排乳的功能。总之，脑下垂体前叶在内分泌中起着主导作用，它直接和间接控制以上各种激素的分泌。脑下垂体又受大脑皮质的支配。所以，泌乳是神经和体液共同作用的结果。

四、水牛的繁殖

1. 公牛生殖系统包括哪些器官？有何功能？

公水牛生殖系统包括：睾丸、附睾、输精管、副性腺、阴囊、阴茎与包皮。各器官都较黄牛短小，且不很发达(图 4-1)。

(1)睾丸 睾丸是公牛生殖系统的主要器官，位于阴囊内，分左右 2 个，呈椭圆形。水牛睾丸比黄牛小，左右睾丸大小略有差异，左睾丸长 7～9 厘米，宽 4.5～5 厘米，周长 12～14 厘米，重 66.5～107 克；右睾丸长 6.5～9 厘米，宽 4～4.5 厘米，周长 14 厘米，重 53～97 克。两侧睾丸占体重(530 千克)的 0.045%，睾丸和附睾被白色致密的结缔组织膜——白膜包围。白膜向睾丸内伸入，形成睾丸间隔。由睾丸间隔发出呈辐射状排列的结缔组织，把睾丸分成许多圆锥形的睾丸小叶。每个睾丸小叶有 3～4 个弯曲的曲细精管，这些曲细精管到睾丸纵隔处，汇合成直细精管。直细精管在间隔内形成睾丸网(图 4-2)。曲细精管是产生精子的地方。睾丸小叶的间质组织分布有血管神经和间质细胞，由间质细胞产生雄性激素。

睾丸的功能是产生精子和分泌雄性激素。精子是生殖细胞，与母牛产生的卵子结合后，形成新的个体。雄性激素的作用是促进雄性器官的发育，激发性欲，延长睾丸内精子生存的时间和维持副性腺的功能。

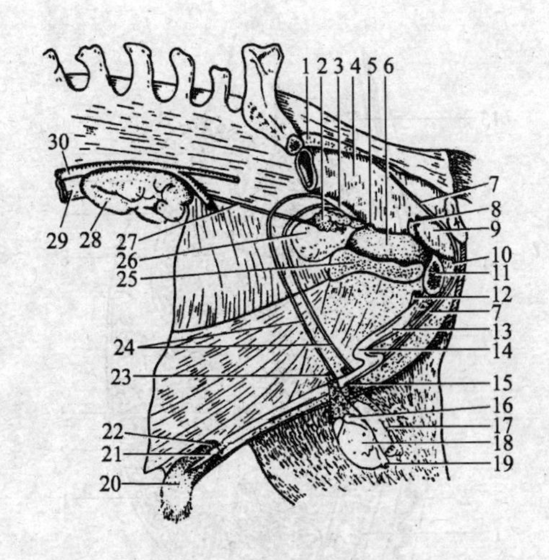

图 4-1　公水牛生殖器官位置关系(左侧面)

1. 荐骨　2. 精囊腺　3. 输精管壶腹　4. 直肠　5. 前列腺体
6. 雄性尿道骨盆部　7. 阴茎退缩肌　8. 尿道球腺　9. 球海绵体肌
10. 坐骨海绵体肌　11. 阴茎脚海绵体　12. 阴茎背动脉
13. 阴茎体　14. 阴茎乙状弯曲　15. 精索　16. 附睾头
17. 附睾体　18. 睾丸　19. 附睾尾　20. 包皮　21. 阴茎头
22. 包皮腔　23. 精索血管　24. 输精管　25. 骨盆联合
26. 膀胱　27. 输尿管　28. 左肾　29. 后腔静脉　30. 腹主动脉

(2)附睾　附睾与睾丸相连，紧贴于睾丸后缘，与睾丸同位于阴囊内，分头、体、尾 3 部分。附睾内也有迂回弯曲的细管，叫附睾精管。精子在睾丸内形成后就进入附睾内。附睾的功能就是贮存、保护精子，并使精子进一步成熟，也是精子排出时的管道。

(3)输精管　为一细长的小管，连接于附睾尾的后端，上行与神经、血管(睾丸动脉，静脉)及提睾肌构成精索，经鼠蹊管进入腹腔，再向后进入骨盆腔，然后向上弯曲，到膀胱底部形成膨大部，叫输精管壶腹，直径为 1.2～1.5 厘米，终止于射

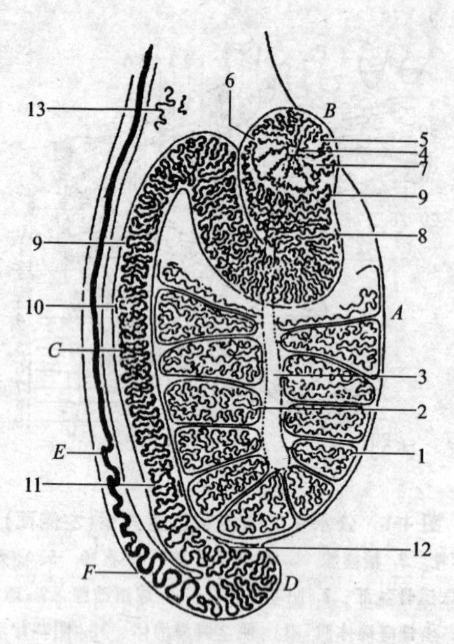

图 4-2　睾丸及附睾构造模式图

A. 睾丸　B. 附睾头　C. 附睾体　D. 附睾尾

E. 输精管　F. 睾丸韧带的位置

1. 睾丸小叶　2. 曲精细管　3、4. 睾丸网　5. 输出管

6、7、8、10、11、12、13. 盲管和管迹　9. 附睾丸

精管，开口于尿道。输精管的作用是输送精子，同时还分泌一种对精子有保护作用的少量分泌物。

(4)副性腺　公牛的副性腺包括精囊、前列腺、尿道球腺，所分泌的液体与精子混合在一起组成精液。精囊为1对梨形的腺体，能分泌一种灰白色的液体，是精液的主要组成部分，含有果糖、柠檬酸盐等成分，供给精子营养和刺激精子活动。

前列腺又称摄护腺，为单个腺体，位于膀胱颈与骨盆部泌尿道连接处的背侧，精囊的后上方，能分泌一种呈弱碱性黏稠浑浊乳状液，有特殊的气味，具有刺激精子活动、中和尿道酸性物质和精子所产生的二氧化碳。

尿道球腺又称考贝尔氏腺，为1对卵圆形腺体，位于骨盆部尿道后端上方两侧，在精子射出之前分泌一种黏滑的碱性液体，能中和尿道的酸性，冲洗润滑尿道，以利于精子通过。

(5)阴囊 悬垂于两后腿之间的腹部下方，为一袋形小皮囊，由外层皮肤及内层肌膜构成。主要作用是保护睾丸和调节睾丸温度，维持精子的产生和生存。天热时，阴囊松弛下垂，体积增大，热量散发较快，使阴囊内的温度不至于过高；天冷时，阴囊壁缩小变厚，从而保持阴囊内的温度。所以，阴囊是一个保持正常生殖功能所必需的温度调节器官。

(6)阴茎与包皮 阴茎是公牛的交配器官和排尿的通道，为圆柱状，分根、体、头3部分，中部为“S”状弯曲。阴茎主要由海绵组织构成，海绵体的空隙与血管相通，性兴奋时充满血液，使海绵体的体积膨胀，阴茎变粗变硬，以适应交配。阴茎勃起交配时，“S”状弯曲伸长。水牛阴茎较短小，海绵体不及黄牛发达，勃起时不及黄牛粗长，为50～60厘米，黄牛可达90厘米。静止时缩短1/3。包皮是在阴茎龟头外面的柔软皮肤，以保护阴茎。

2. 精子是怎样生成的？

精子是由睾丸曲精细管中精原细胞转化而成，其生成过程，可分为3个阶段：第一阶段是精原细胞经过4次有丝分裂，生成若干初级精母细胞；第二阶段是初级精母细胞经过2次成熟分裂，生成单倍体精子细胞；第三阶段是精子细胞经过变态最后形成精子。

精子的生成主要受激素和温度影响。对精子生成有直接或间接调节作用的激素，主要有垂体促性腺激素（FSH、LH）和睾丸本身分泌的睾酮。温度对精子的生成有极重要的作用，阴囊内温度比腹腔低3℃～4℃，这是精子生成的必要条件。在夏季气温高于35℃时，水牛精液品质明显下降，此时若增加浴水时间可在一定程度上改善精液品质。

3. 母牛生殖系统包括哪些器官？有何功能？

母牛生殖系统包括卵巢、输卵管、子宫、阴道、阴道前庭、阴蒂和阴唇（图4-3）。

（1）卵巢 呈椭圆形，位于子宫角侧下方，耻骨前缘附近。初产母牛的卵巢多在耻骨前缘稍后，骨盆腔内；经产母牛的卵巢多在耻骨前缘稍前，腹腔内，有时卵巢位于子宫角的下面。卵巢长2～3厘米，宽1～2厘米，厚1～1.5厘米，重12～16克，右侧略大。卵巢表面均可生长卵泡，并排卵。

卵巢分内外两层，外层为皮质层，内层为髓质层。髓质层在卵巢中央，由弹性纤维组织组成，内有大量血管、神经。皮质层表面有一层生殖上皮，可形成滤泡，每个滤泡内具有1个卵子。随着性周期的发展，卵子和滤泡逐渐成熟，滤泡液不断增多而排卵。卵巢的主要功能就是产生卵子和分泌雌激素（动情素及助孕素）。

（2）输卵管 是一条弯曲的细管。左右各一，位于输卵管系膜上，连在卵巢和子宫角之间，它的前口由黏膜、浆膜构成，呈漏斗状，边缘有很多皱褶，称输卵管伞，排卵时包围卵巢，接受排出的卵子。输卵管前1/3部分比较粗大，称为输卵管壶腹部，是卵子受精的部位，它的后口通入子宫角，为输卵管子宫口，与子宫角相连，没有明显的界线。输卵管的功能是使卵子在输卵管内进一步发育成熟而具有受精能力，并把卵子输送到壶腹部，同时把从子宫角进入到输卵管内的精子也输送到壶腹部，使精子与卵子相遇受精，然后又将受精卵运送到子宫角。

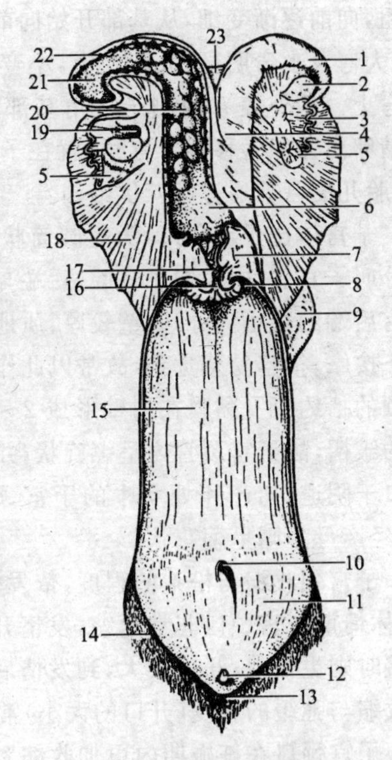

图 4-3 雌性生殖器官

1. 右侧子宫角 2. 卵巢 3. 输卵管 4. 子宫角间沟 5. 输卵管伞 6. 子宫体 7. 子宫颈 8. 阴道穹窿 9. 膀胱 10. 尿道外口 11. 阴道前庭 12. 阴蒂头 13. 阴户腹联合 14. 阴唇 15. 阴道 16. 子宫颈阴道部 17. 子宫颈管 18. 子宫系膜 19. 卵巢囊 20. 子宫阜 21. 子宫腔 22. 子宫腺 23. 角间韧带

(3)子宫 子宫是一个大膜囊，是受精卵发育成胎儿和供给胎儿营养的器官。经产母牛的子宫位于腹腔内，在直肠下方，膀胱上方，骨盆腔的前缘；初产和处女牛，则位于骨盆腔内。子宫由子宫角、子宫体、子宫颈 3 部分组成。

子宫角左右各 1 个，分别与 2 条输卵管相连。它的基部较粗，向前逐渐变细，从基部开始向前下方偏外侧弯曲成绵羊角，大弯及小弯明显，大弯在上，小弯在下。子宫阔韧带连在小弯上。从外表看两侧子宫角基部形成一纵沟，为角间沟。受精卵由输卵管移至子宫角，就在子宫角内壁嵌植发育成胚胎，胎儿的营养通过子叶供给。

子宫体比子宫角短，为短圆筒状。前端与子宫角相连的部分叫子宫底，内腔叫子宫腔，后端与子宫颈相连。子宫颈是子宫后端的狭小部分，管壁较厚，质地较硬，直肠检查时，手心向下按摩，很容易感觉到，故常以此作为寻找子宫的依据。子宫颈的括约肌及黏膜在内壁形成2～5个大而横和许多小而纵的皱褶，故子宫颈管内呈螺旋状，并收缩很紧。子宫颈外口开口于阴道，初产和处女牛的子宫颈圆整，收缩如肛门状皱纹，经产母牛则呈菊花状。

子宫颈收缩与松弛的程度，依发情周期和发情阶段而不同，休情期子宫颈口非常紧缩，发情开始后逐渐弛缓，发情最旺盛时则更松弛，开口最大，到发情后期又逐渐收缩，故子宫口收缩与弛缓的程度(开口的大小)常作为发情鉴定的依据之一。子宫颈口在妊娠期内更加收缩紧闭，并分泌浓稠胶状的黏液堵塞子宫颈口，叫子宫栓，可以防止细菌等进入子宫内，保护胎儿在子宫内安全发育。

整个子宫的构造分内、中、外3层。外层为浆膜层，中层为肌膜层，内层为黏膜层。中层肌膜层特别发达，有很大的延展性，能随着胎儿的发育而变大，分娩后又能复原。内层黏膜层又叫子宫内膜，膜内有子宫腺，能分泌子宫乳，供给胚胎营养，在妊娠初期特别发达，分泌量也最多。

(4)阴道及阴道前庭　阴道又叫膣腔，位于骨盆腔内，是由子宫颈外口到尿道口之间的一段管道。管壁及黏膜较厚，形成纵行的皱褶。阴道前端叫阴道穹窿，后端叫阴道口。阴道口下壁有横向黏膜皱襞叫处女膜（或称膣膜）。阴道是母牛的交配器官，也是胎儿的产道。

阴道前庭又叫膣前庭，以膣膜与阴道交界。已分娩后的母牛，膣膜只留下一点痕迹。膣膜外，前庭下壁，为尿道开口处，在尿道口的后方有 2 列小腺体的排出管口，叫前庭腺口，这些小腺体叫小前庭腺。阴道前庭也是胎儿产出的通道和排出尿液的通道。

（5）阴蒂和阴唇 阴唇为母牛外生殖器官，是 2 个相对的皮肤皱褶。两阴唇之间形成椭圆形的空隙叫阴门。阴门上角圆形，叫上联合；下角尖形，叫下联合。在下联合内有阴蒂窝，内有阴蒂，由海绵组织构成。阴蒂黏膜有许多感觉神经末梢。阴门与肛门之间的部分叫会阴。阴蒂、阴门、阴唇统称为外阴部。

4. 水牛达到性成熟和体成熟的年龄是多少？

公、母牛发育到一定年龄，就会表现性行为和第二性征，特别是能够产生成熟的生殖细胞，在这期间进行交配，母牛能受胎，即称为性成熟。因此，性成熟的主要标志是能够产生成熟的生殖细胞，即母牛开始第一次发情，公牛开始产生成熟的精子。

达到性成熟的年龄，水牛为 16～20 月龄，黄牛为 8～16 月龄。用假阴道法采精，地方水牛 20 月龄第一次采到精液，射精量约 0.8 毫升，活率 0.3；摩杂一代 17 月龄采到精液，射精量 1.2 毫升，活率 0.35。

体成熟是公、母牛基本上达到生长完成时期，已具备公、母牛固有的外形。达到体成熟的年龄，也因牛的种类、品种、性别、气候和营养以及个体间的不同而有差异，水牛为3～4岁，黄牛为2～3岁，在营养良好条件下的培育品种，如黑白花牛为18～22个月。

5. 水牛达到性成熟时能开始配种吗？怎样确定公、母牛的初配年龄？

公、母牛刚到性成熟时，还不是适宜配种的年龄。因为公、母牛性成熟的年龄较体成熟的年龄早，刚达到性成熟年龄时个体还小，生长发育还在继续，这时配种会影响其生长发育和以后生产性能的发挥。

正确掌握公、母牛的初配年龄，对改进牛群质量，充分发挥其生产性能和提高繁殖率有重要意义。公、母牛的初配年龄主要依据牛的品种、个体的生长发育情况和用途来确定。初配时的体重应达到成年体重的70%为宜。如年龄已达到，体重还达不到时，则初配年龄应推迟；相反，也可适当提前。总之，以达到体重标准为宜。水牛成熟晚，初配年龄为2.5～3岁。

公、母牛配种过早，母牛所生犊牛，体质弱、初生重小、不易饲养，母牛分娩后泌乳量少；公牛会造成性功能早衰，缩短种用年限。配种过迟则对繁殖不利，饲养费用增加，而且使母牛过肥不易受胎，公牛则易引起自淫，阳痿等病症而影响配种效果。

6. 什么是性周期？母牛的性周期分哪几个时期？各个时期的表现有什么特点？

母牛达到性成熟期后，就会出现有规律的周期性发情现象，称为性周期。发情周期的计算是指从这一次发情开始至下一次发情开始相间隔的时间。水牛和黄牛均为21天左右。

发情周期可分为4个时期：发情前期、发情期、发情后期和间情期。母牛在发情周期中不同时期的精神状态、对公牛的性欲反应、生殖道和卵巢的生理特征是不同的。

(1)发情前期 是发情的准备阶段，卵巢中黄体逐渐萎缩，新的卵泡开始生长，卵巢稍增大，生殖道轻微充血肿胀，黏膜增生，子宫颈口稍开张，有少量分泌物，母牛尚无性欲表现。

(2)发情期 根据母牛的外部征状与性欲表现又划为初期、盛期、末期3个阶段。

①发情初期 母牛表现兴奋不安，鸣叫，产奶量下降，放牧时则游走较多，采食少，经常抬头观望，俗称“走草”，常有同群母牛尾随其后，拒绝公牛爬跨，游走避开。阴唇肿胀，阴道壁潮红，黏液分泌量不多，稀薄，牵缕性不强，子宫颈口开张，直肠触摸子宫时，收缩增强，一侧卵巢增大。

②发情盛期 母牛性欲强烈，接受爬跨，公牛爬跨时站立不动、举尾，黏液增多，稀薄透明，从阴门流出时如玻璃样，牵缕性很强，悬挂于阴户，俗称“吊线”，很易黏在尾根臀端或飞节处的被毛上。子宫颈红润，松弛，开张。卵巢增大，并可触摸到突出于卵巢表面的滤泡。

③发情末期 母牛逐渐转入平静，不再接受爬跨。阴道黏液量减少变稠，牵缕性差。卵巢变软，滤泡壁变薄，充满滤

泡液，波动明显，有一触即破的感觉。

(3)发情后期　此期母牛变得安静，已无发情表现，触摸卵巢已经排卵，卵巢质地变硬，开始出现黄体。

(4)间情期　或称休情期，是母牛发情结束后的相对生理静止期。特点是母牛精神状态完全恢复正常，黄体由发育成熟到逐渐萎缩，新的滤泡又开始发育。母牛生殖器官在生理状态上又逐步过渡到下一个性周期。

7. 水牛发情有什么特点？

水牛发情与其他家畜比较，有以下特点。

(1)持续时间较长　水牛的发情持续时间为 48～96 小时，黄牛 3～36 小时，牦牛 24～56 小时。

(2)发情表现不如黄牛明显　黄牛或奶牛发情时表现明显的"同性恋"行为，爬跨其他母牛或接受其他母牛的爬跨，水牛这种现象则少见，阴户红肿显现也很不明显，使役较重的水牛常表现为隐性发情(或称安静发情)，所以对水牛的发情鉴定应仔细观察。通常在水牛静卧反刍时，观察从阴户有否黏液流出，并根据黏液的数量、透明度、黏稠度，作为水牛是否发情的主要依据，以防止漏配、失配。

(3)排卵时间　水牛排卵时间在性欲终止后的 6～15 小时，水牛与黄牛相似，而其他家畜，如绵羊在发情终止时，猪在发情开始后的 16～18 小时，马在发情停止前的 24～48 小时，驴在发情开始后 3～5 天。母牛排卵在性欲终止后的原因与母牛性中枢对雌激素的反应有关，当血液中，雌激素含量低时，母牛表现性兴奋；当雌激素浓度增高时，反而表现性抑制。母牛发情开始时，滤泡中只产生少量雌激素，母牛表现性兴奋，出现交配欲。滤泡继续发育，接近成熟时产生大量雌激素，母牛性兴奋反而抑制，交配欲减退和消失，但滤泡继续发育，最后在促黄体素的协同下排卵。

(4)水牛在发情排卵后尚未观察到有出血现象 黄牛或奶牛在发情后的 3～5 天，有部分牛子宫出血，从阴道流出。其中以青年牛，营养良好的母牛较多见，青年牛有 70%～80%，成年牛有 20%～30%。发情后出血的原因是由于子宫黏膜实质充血，子宫阜上的毛细血管破裂，血液渗入子宫腔，随黏液排出，如出血量不多，血色正常者，对妊娠无不良影响。若出血量过多，色泽暗红或紫黑是患子宫疾病的症候，应引起注意。

8. 什么是隐性发情和假发情？

隐性发情又称潜伏发情、安静发情，是指母牛发情外表征状不明显，缺乏性欲表现。隐性发情在水牛和奶牛中较为多见，特别是使役重的水牛和高产奶牛。母牛在营养不良，缺乏青饲料，舍饲长期运动不足，光线较差，都能增加隐性发情牛的比例。造成隐性发情的原因是由于某些外界因素干扰垂体的正常功能，引起雌激素分泌不足所致。这种牛发情时间短，又不易察觉，很易漏情失配。

假发情是指母牛有发情的外部表现，但无滤泡发育，也不排卵。假发情有两种情况：一是有的母牛在妊娠 4～5 个月时突然有性欲表现，爬跨其他母牛或接受爬跨，但检查阴道时，子宫颈口收缩，无发情黏液，直肠检查可摸到胎儿。二是有些卵巢功能不全的青牛母牛和患有子宫或阴道病症的母牛，虽有发情表现，但检查卵巢，无滤泡发育，也不排卵。上述两种情况，在发情鉴定时都应引起注意，前者容易误诊，造成流产，后者则屡配不孕。

9. 什么是持续性发情？造成持续性发情的原因是什么？

母牛发情的时间延续很长，超过正常时间范围，即为持续发情，这是由于滤泡交替发育所致，开始时一侧卵巢有滤泡发育，产生雌激素引起母牛发情，不久另一侧卵巢又有滤泡发育，前后 2 个滤泡交替产生雌激素，因而使母牛发情持续时间很长。

卵巢囊肿也可导致持续性发情，因为囊肿是由滤泡继续增生、肿大而造成的，由于滤泡不断发育，不断分泌雌激素，因而使得母牛不停地延续发情。

由于滤泡交替发育引起的持续性发情转入正常发情时，仍可受胎，由于卵巢囊肿引起的持续性发情，则应及早进行治疗。

10. 人工授精较自然交配有什么优点？

人工授精是用器械采取公牛精液，进行品质检查和稀释后，再把精液注入发情母牛生殖道内，以代替公、母牛直接交配的一种方法。使用人工授精有下述优点：①提高了种公牛的配种效率，特别是在使用冷冻精液的情况下，1 头公牛每年可配母牛达万头以上。②可以选择最优秀的种公牛配种，充分发挥其种用性能，达到迅速增殖良种牛和改良牛种的目的。③可以相应减少种公牛的头数，从而节约饲养管理费用。④可以防止因自然交配时公、母牛互相接触传染的各种疾病，特别是生殖道传染病的传播。⑤在使用体型大的牛改良体型小的牛时,可以克服公、母牛体格相差太大,不易交配的困难。⑥使用人工授精可提供完整的配种记录,有助于分析母牛不孕的原因,帮助提高受胎率。⑦使用人工授精可以克服有的母牛生殖道异常不易受胎的困难。⑧由于精液可以保存,尤其是冷冻精液保存的时间很长,可以运输到很远的地方,因此公、母牛的配种可以不受地域限制,充分发挥优秀种公牛的作用,有效地解决种公牛不足或种公牛品质低劣地区母牛的配种问题。

11. 怎样给公牛采精?

通常采用的采精方法是假阴道采精法。其他如电刺激法、直肠按摩法,只在年老或患有后肢疾病不能爬跨的公牛采用,现将假阴道采精步骤介绍如下。

(1)采精的设备和器械 为了保证精液品质,保持安静的采精环境和不受天气变化的影响,采精最好在是在室内进行。采精室面积为 50～70 米^2,室内安装配种架或假台牛。如在室外采精,则要求场地平坦、宽敞、安静、卫生,并靠近操作室。操作室分准备室和精液处理室。准备室用于安装假阴道和器械洗涤消毒;精液处理室进行精液品质检查和稀释保存。操作室要求光线充足,通风良好,防尘保温,地面、顶棚、墙壁便于消毒。采精用的器械包括假阴道、显微镜、保温箱、玻璃器皿等,药品包括消毒药和配制稀释液的各种药品等,都应备齐,且保证质量。

(2)采精的准备 首先是假阴道的准备,水牛用假阴道为筒状结构,由外筒、内胎和集精杯 3 部分组成。外筒为圆形,用硬橡皮或塑料等做成，长短可根据公水牛体型大小而略有变化，一般长30～35厘米，直径8厘米，筒外侧有1个注水小孔。内胎由质地柔软而有弹性的橡皮管构成，长40～45厘米，直径7厘米。集精杯为一夹层能注入温水的玻璃杯，冬天采精能保护精子，不受冷激，也可用刻度试管(10～15毫升)。除以上主要部分外，还需要有固定内胎和集精杯的橡皮圈、充气用的活塞、连接集精杯的胶漏斗。采精前均应清洗晾干备用。集精杯要经恒温干燥消毒或蒸煮消毒，也可用70%酒精消毒。采精用的其他用品，如温度计、玻璃棒、长柄钳、灭菌凡士林或液状石蜡、酒精棉球、消毒纱布等都应有序地放在操作台上备用。

假阴道的安装：将内胎展平放入外筒内，从两端分别把内胎翻转在外筒上，并将内胎调整平直，没有扭转。两端用橡皮圈固定。用长柄钳取70%酒精棉球全面充分地涂擦内胎的内壁和翻转于外筒的两端部分，然后用95%的酒精棉球再同样涂擦1次。待干燥后，在一端装上集精杯，并套上保定套，用橡皮圈固定。另一端用消毒纱布盖住，用漏斗从外筒注水孔灌入50℃左右的热水为600～800毫升，装上活塞，打进空气，关好活塞栓，再在内胎上涂消毒凡士林或液状石蜡，使假阴道内具有适当的温度(40℃～42℃)、压力和润滑度，与母牛阴道内的环境相似。

假阴道安装好以后，应再进行1次检查：①温度是否适宜。假阴道内胎温度应保持在40℃左右，以防烫伤牛的阴茎，或因温度不够，公牛不射精。②压力是否适度。从活塞打进空气后，使内胎形成"Y"形，内压过大、过小，都会影响公牛射精。③内胎是否润滑。内胎装好后，应平整无皱褶，内胎润滑剂应涂匀，量过多会流入集精杯内，过少则润滑度不够，也会影响公牛射精。

台牛的准备和公牛的调教：台牛可由空怀母水牛或假母牛承担。采精前，清洗台牛后躯，特别是尾部、外阴部、会阴部及肛门等处，并擦干，然后保定在采精架内。采精公牛须进行调教，如引诱公水牛嗅发情母牛阴门，或旁观另一头公牛配种或采精，以刺激公牛性欲爬跨台牛，或在台牛后躯涂抹发情母牛阴道黏液引诱公牛爬跨台牛。

(3)采精技术 采精员站在公牛的右侧方，右脚在前，左脚稍后，右手持假阴道，入口稍向下方，与地面呈35°～40°角，当公牛爬跨台牛，伸出阴茎企图交配时，采精员敏捷地左脚跨前一步，左手掌心向上，在包皮开口的后方托住包皮，将阴茎自然地引入假阴道内（切勿用手接触阴茎），当公牛阴茎完全插入假阴道，并顺势往前一冲后，即表示射精完毕。公牛射精后，采精员立即将假阴道集精杯一端向下倾斜，以便精液流入集精杯内。当公牛跳下时，假阴道随着阴茎后移，不要抽出，这样可将公牛继续射出的精液全部收集起来。当阴茎由假阴道自行脱落后，即将假阴道直立，用消毒纱布盖在假阴道口，打开活塞放气，放出温水，并注意不要将水流入筒内，卸下集精杯，盖上集精杯盖子，送入精液处理室，采精完成。

12. 怎样进行公牛精液品质检查？

精液品质检查是确定能否用于输精和进行稀释保存的依据。检查项目包括：射精量、色泽、气味、活率、密度、畸形率等。

(1)射精量 将集精杯内的精液沿管壁缓慢倒入有刻度的消毒试管内，观察射精量，如用刻度试管作集精杯，则可直接读取精液量，水牛射精量因品种、个体而异。同一个体因年龄、采精方法及技术、采精频率和营养状况、季节、采精环境等而有所变化，中国水牛射精量一般为2～3毫升，摩拉水牛采精量略高，为3～5毫升(0.5～12毫升)。测定公牛射精量应以一定时期内多次射精量的平均值为依据。

(2)色泽与气味 正常水牛精液为乳白色或灰白色，其他颜色均视为不正常。如混有尿液则稍带黄色，混有血液则带粉红色，混有脓液则稍带绿色，清水样是精子数少或无精子。刚采得的新鲜精液无气味或稍带腥味。如有异味或臭味，属异常精液，不能供授精用。

(3)云雾状 水牛精液因精子密度较大，肉眼观察时可看到精子的翻滚现象，称为云雾状，这是精子运动活跃的表现，据此可观察精子活动强弱和密度大小，云雾状显著者以“＋＋＋”表示，稍次以“＋＋”表示，不明显以“＋”表示。

(4)pH 新鲜精液pH一般为6.7(6.2～7.2)，用精密pH试纸或pH仪即可方便测出。一般pH偏低的精液品质最好，pH偏高的精液，精子受精力，生活率都显著降低。

(5)精子活率 精子的活率(或称活力)是指在37℃条件下，精液中直线前进运动的精子百分率，是精液品质检查的重要项目之一。评定精子活力等级，通常采用十级评分法，即在显微镜下每个视野中100％的精子都是直线前进运动，评1分，90％呈直线前进运动，评0.9分，80％呈直线前进运动，评0.8分，以此类推。检查方法可用平板压片法，即在玻片上放一滴精液，然后用盖玻片均匀盖着整个液面，做成压片镜检。镜检时先用低倍，然后放大到400倍进行检查，检查应注意以下事项。

第一，检查时的温度以38℃～40℃为宜。温度过低则精子活动缓慢，活率表现不充分，评定结果不准确；温度过高，精子活动异常剧烈，很快死亡。故检查时，宜将显微镜置于保温箱内，保温箱用木板或玻璃做成，内装电灯泡以便照明和加温。也可在显微镜载物台上安装特制的保温器。

第二，在评定精子活率时，要多看几个视野，并上下扭动细螺旋，观察上下层精子的运动情况，把各视野评定的分数相加，取其平均数。作为活率检查的分数，评定结果力求准确。

第三，操作过程中，不应使精液受到损害，凡接触精液的用具，如载玻片、盖玻片、玻璃棒等，必须干燥、无菌，不得残留有消毒药品或气味。

第四，操作要求快速准确，取样要注意有代表性，如检查保存精液的活率，应先升温，并轻微振荡均匀，再行取样。

(6)精子密度 精子密度是指精液中精子数量的多少，是衡量精液品质的另一重要指标。在检查精子活率时同时进行。根据精子稠密程度的不同，分为“稠密”、“中等”、“稀薄”3级。在显微镜下，整个视野精子稠密，精子之间的距离很小，很难区别各精子的活动，为“稠密”；精子之间的距离间隔1～2个精子，可以清楚区别各精子的活动，密度为“中”；1个视野中看到的精子不多，精子间的距离很大，为“稀”。这种评定方法简单易行，生产中多采用，以此确定稀释倍数。

为了比较精确地评定精子密度，可采用精子计数的方法，即应用计数血细胞的方法计算精子数，将1滴精液置于玻片上，用红细胞吸管吸精液至“0.5”刻度处，然后吸入3％氯化钠液至“1.0”刻度处，3％氯化钠用于杀死精子和进行稀释，便于观察计数。用拇指和食指分别按住吸管的两端，轻轻摇荡，使精液和氯化钠充分混匀，然后弃去吸管前端数滴，将吸管尖端放在计算板与盖玻片之间的空隙边缘，使吸管内精液流入计算室，注意防止精液流到盖玻片上面。计算室用刻线划分成25个正方形大方格，每个大方格又划分为16个小方格，共400个小方格，面积为1毫米^2。将计算板放在显微镜下计数5个大方格(80个小方格)的精子数，所选择的5个大方格，应位于一条对角线上，或四角各取1个角再加中央1个。计数精子时，位于方格四边线条上的精子，只计算上边和左边的，并以头部压线者计算在内。计数5个大方格的精子数，即可按下列公式计算出1毫升精液中精子数。

1毫升原精内精子数=5个大格子精子总数×5(即1毫米^{2}的25个大格子的精子数)×10(即1毫米^{3}的精子数，因计算室的高度为1/10毫米)×1000(即1毫米^{3}的精子数×1000毫米^{3}为1毫升)×200(稀释倍数)

血细胞计算室见图4-4。

随着冷冻精液的推广应用和种公牛站的建立，应用光电比色计计算精子数已日益增多。此种方法是先运用血细胞计数板，精确计算原精液中每毫升精子数，再取原精液0.1毫升，加入5毫升蒸馏水中，混匀，在光电比色计中测定透光度，读数记录，做出精子密度表，以后只要按上法测定透光度，然后查表就可知道每毫升精子数。本法所用试管必须是透光度均匀的比色管，否则容易出现误差。

(7)精子畸形率 正常精子形态似蝌蚪，分为头、颈、体、尾4部分，头部呈卵圆形，水牛精子头部较短，前后端的宽度相近。颈部在头部与体部之间，呈短圆柱状。体部在颈部与尾部之间，比头部稍长。尾部由主段和末端连接而成，主段是体部的延长，约为精子全长的3/4，末端较主段短而纤细。凡是精子形态不正常的，即为畸形精子。水牛畸形精子分为：头部畸形，如头部巨大、细小、无头、双头、头形细长等；颈部畸形、如膨大、曲折等；体部畸形，如膨大、纤细、弯曲、层析等；尾

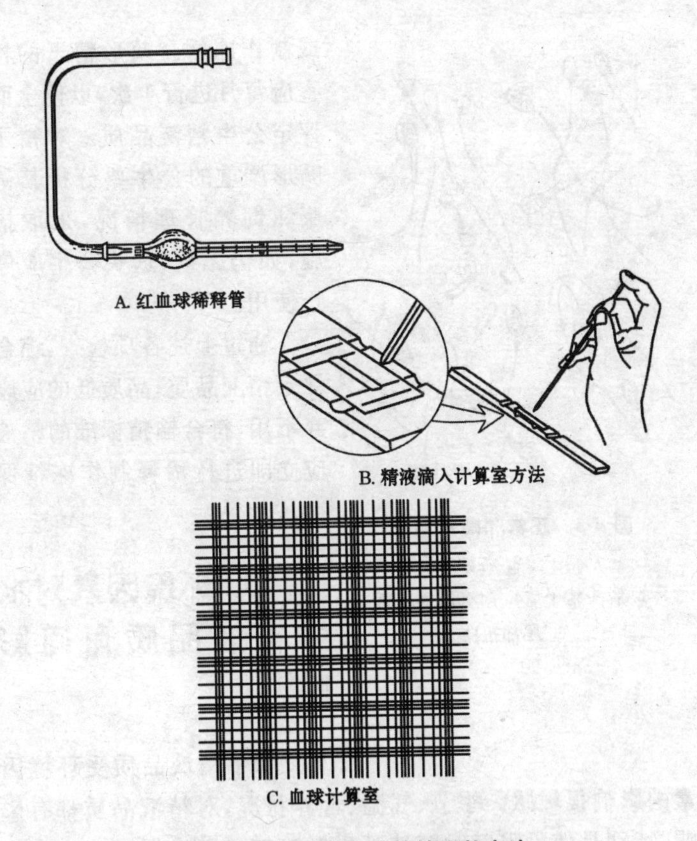

图 4-4　血球计算室计算精子数方法

部畸形、如弯曲、卷尾、短小、长大、缺损、无尾、曲折等(图 4-5)。畸形精子的检查方法是:取精液 1 滴于载玻片的一端,用另一边缘整齐的玻片呈 30°～35°角把精液推成均匀的抹片。待干燥后,用 0.5%龙胆紫酒精液或普通红、蓝墨水染色 2～3 分钟,用水冲洗,晾干后,在高倍镜下,连续计数几个视野中共 500 个精子,并分别记录其中的畸形精子数,然后计算畸形精子所占的百分率。如畸形精子数超过 15%,即不宜用于输精

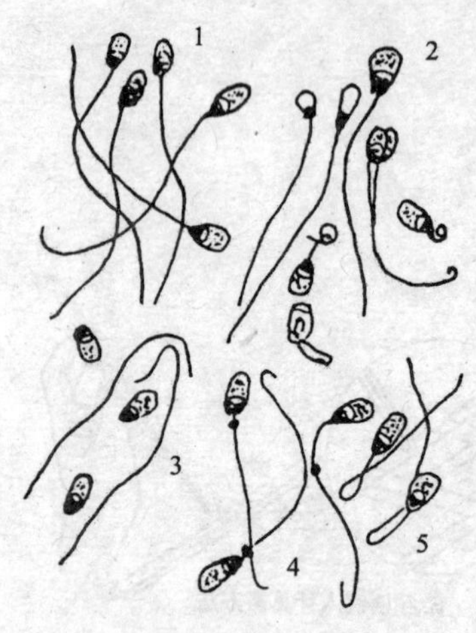

图 4-5 正常和畸形精子

1. 正常精子 2. 各种畸形精子
3. 脱头精子 4. 附有原生质滴
5. 尾部扭曲

或制作冻精。畸形精子的检查应每月进行 1 次，以便全面评定公牛精液品质。对精子畸形严重的公牛要分析其健康和饲养管理情况，采取措施，如仍无效，这头公牛应停止使用。

通过上述各项检查，综合评定精液品质，品质低的应废弃不用，符合输精标准的精液应立即进行稀释制作冻精保存。

13. 环境因素对水牛精液品质有何影响？

水牛精液品质受环境因素的影响很敏感。季节、气温、营养状况，对精液品质都有影响，特别是使役强度对精液品质影响较显著。据对 2 头青年沼泽型公牛的观察：一头 4 岁，健康，营养状况上等公牛负担耕地面积 3.63 公顷，连续使役 30 天，停止使役后 7 天开始表现性反射，尾追爬跨发情母牛；另一头 5 岁，健康，营养状况中等公牛负担耕地面积 4.9 公顷，连续使役 60 天，停止使役 27 天后开始恢复性活动，尾追爬跨发情母牛。另据采精观察，采精前停止使役休息 5 天，平均每次采精量 2.5 毫升，密度为 6.7 亿～7 亿个/毫升，活率 0.8～0.9 级，畸形精子数 1.2%～

4.2%；采精前连续使役 7 天，平均每次采精量为 1.5～1.8 毫升，密度为 4.5 亿～6.2 亿个/毫升，活率 0.6～0.7 级，畸形精子数 3%～12.6%，精子质量较采精前休息 5 天明显下降。

14. 怎样稀释，保存和运送精液？

精液稀释的目的是扩大精液量，提高优良种公牛的利用率。1 次采出的精液，用原精液输精，以 1 头母牛的输精量 1 毫升计，只能输 2～5 头母牛。实际上 1 毫升精液中的精子数有 3 亿～20 亿个，而 1 头母牛 1 次输精量只要保证有 1500 万个呈直线前进运动的精子即可，因此将精液稀释后，就可以扩大输精头数。

(1)稀释液 稀释液中含有丰富的营养物质和缓冲物质，可以补充精子活动时的能量消耗，并中和精子活动过程所产生的代谢物质，维持正常的酸碱度无大的变化，稀释液中尚有抗菌药物可以抑制有害微生物，因此精子通过稀释后可以延长存活时间。稀释液的主要成分包括营养物质和缓冲物质，防低温损害物质，抑菌物质，以保持精液适当的酸碱度。此外，尚应注意稀释液和精子有一致的渗透压，配制方法简单，成分不能过于复杂。常用的稀释液有以下几种。

①*牛奶稀释液* 取新鲜牛奶，用 3～4 层纱布过滤 2 次，用水浴方法加热至 95℃，消毒 5 分钟，取出冷却后，除去上层奶皮，加入抗生素即可。也可用奶粉按 1∶10 加蒸馏水稀释后，再按上述方法处理即可。

②*卵黄柠檬酸钠稀释液* 称取化学纯柠檬酸钠 2.9 克，溶于 100 毫升蒸馏水中，用滤纸过滤，水浴煮沸消毒冷却。取新鲜鸡蛋 1 枚，用 70%酒精棉球反复涂擦蛋壳进行消毒，待

干燥后，按无菌操作要求，敲破蛋壳，分离蛋清，戳破卵黄膜，用灭菌干燥注射器吸取卵黄，然后取消毒后的柠檬酸钠液80毫升和卵黄20毫升，充分混合均匀，再分别加入青链霉素各5万～10万单位即可。

(2)稀释方法 稀释液应在采精前配制好，随配随用。稀释精液时应注意稀释液的温度与精液的温度保持一致。稀释倍数根据精子密度而定，可稀释5～10倍，即稀释后的精液，每毫升含有精子数0.75亿～1亿个为宜。稀释时按精液量和稀释倍数，用消毒吸管量取稀释液沿杯壁缓缓滴入精液内，然后轻轻摇匀。精液稀释后，立即检查活率，稀释后的活率不应有下降，如有下降，应找出原因，以便改进操作方法。

(3)精液的保存和运输 精液保存的目的是为了延长精子的存活时间。因此，必须降低精子代谢，减少能量消耗。在实践中，采用降低温度和稀释等措施，抑制精子的运动和呼吸，以此降低精子能量消耗，延长存活时间。一般常用的保存方法是在5℃下低温保存，多用冰箱和冰块作冷源。将稀释后的精液分装在2毫升容量的安瓿内，每支装1.5毫升，用火焰封口，也可用消毒干燥的指形试管，或青霉素空瓶子，分装后在精液表面加上少许灭菌过的液状石蜡，盖紧瓶盖，用多层棉纱布包好，放在塑料袋内，然后直接放入装有冰块的保温瓶或冰箱内，使其逐渐降温，以防精子受冷激。用广口瓶保存时，要按时添加冰块；用冰箱保存时，要注意检查冰箱内温度是否稳定，是否有强烈震动，以免影响保存效果。在5℃条件下精液可以保存5～7天。

精液运输常采用广口或小口保温瓶进行包装。在瓶内装上冰块，将运送的精液安瓿用塑料袋装好后埋入冰块中。保温瓶放在小木箱内，周围填充泡沫塑料、棉花等隔热材料。在箱内附上精液运送记录，说明精液的数量、牛号、采精时期、精液品质等，即可交由各种交通工具运输。

15. 怎样制作水牛冷冻精液？

冷冻精液是指在超低温，即－79℃或－196℃条件下保存的精液，保存期长，是保存精液的先进技术，为人工授精的发展应用开拓了更为广阔的前景，用保存16年的冷冻精液授精仍可受胎产犊。

由于冷冻精液保存期长，可以做到常年平衡采精制成冻精。1头公牛可年生产颗粒冻精2万粒以上，可配3000～5000头母牛，高者可达1万头，最高纪录达到23.8万头次，大大提高了优秀种公牛的利用率，有利于牛的改良；可减少种公牛的饲养量，节约饲料费用和饲料消耗；有利于远距离运送精液和进行种公牛的评定。因此，牛的冷冻精液已广泛用于生产。为了保证冷冻精液质量，使其生产过程规范化，国家标准局颁布实行了《牛冷冻精液国家标准》，对牛冷冻精液的质量和制作过程提出了指标和要求，其制作过程如下。

(1)采精 制作冷冻精液的种公牛应合乎本品种种用公牛特等或一等的标准，并经健康检查无传染性疾病。采精按常规操作进行。精液经品质鉴定应是乳白色或稍带黄色，精子活率不低于0.6，密度每毫升不少于6亿个，畸形率不得高于15%，方可用于制作冷冻精液。

(2)冻精稀释液 配制冻精用的稀释保护剂，必须用新鲜的双重蒸馏水和卵黄，化学试剂应在二级以上，所用器具必须做到清洁无菌。稀释保护剂现配现用，或配制后放入4℃～5℃冰箱中备用，但不应超过1周。

①细管冷冻精液稀释液配方　柠檬酸钠—乳糖—卵黄稀释液：12%乳糖液36.0毫升，3%柠檬酸钠液38.0毫升，卵黄20毫升，甘油6毫升。

脱脂奶—卵黄稀释液：脱脂奶82毫升，卵黄10毫升，甘油8毫升。

②颗粒冷冻精液稀释液配方

蔗糖—卵黄稀释液：12%蔗糖液75毫升，卵黄20毫升，甘油5毫升。

乳糖—卵黄稀释液：12%乳糖液75毫升，卵黄20毫升，甘油5毫升。

柠檬酸钠—卵黄稀释液：2.9%柠檬酸钠液73毫升，卵黄20毫升，甘油5毫升。

上述各项稀释液，在每100毫升中，加青霉素、链霉素各5万～10万单位。

安瓿冷冻精液可使用吸管冷冻精液稀释液配方。

(3)精液稀释与分装　用准备好的稀释液，按1∶10～20的比例进行稀释，稀释后每毫升精子数不少于6000万个，直线前进运动精子数4000万个左右。稀释精液的温度在1～1.5小时降至4℃～5℃，分装于细管或安瓿内，分装时要防止温度回升，可在冰柜中进行。分装时采用的细管先用细管印字机将生产冷冻精液的站名、生产日期、牛号等打印在细管上，经紫外线灭菌后使用。分装时采用细管精液真空分装机进行，以聚烯醇粉末、精制固状石蜡或超声波塑料热合封口。将已分装封口的细管精液用4～6层灭菌纱布或毛巾包裹后，置于4℃～5℃的冰箱中平衡2～4小时。

(4)冷冻　细管精液冷冻采用广口瓶或大口液氮罐盛装液氮，其上放一铜纱网或尼龙纱网作为冷冻筛网，筛网底部固定4厘米厚的空心塑料泡沫，使筛网漂浮在液氮面上，并距液氮表面2厘米。将经过降温平衡的细管精液单层平放在冷冻筛网上放入液氮里，加盖熏蒸6～8分钟，然后将细管精液和筛网一并浸入液氮内深冻。深冻结束后，抽样镜检，将合格细管冻精置于贮精罐内贮存。

颗粒精液冷冻，采用广口瓶盛液氮，液氮量保留至瓶口10厘米处，另用一口径略小于保温瓶口的铝合金或不锈钢圆形饭盒放在广口瓶内距液氮面1.5厘米处，盒盖反转来置于盒上冷却至－25℃～－35℃时，将经降温平衡的稀释精液定量（每滴0.1毫升）地滴于盒盖上，每盒滴冻完毕，加盖熏蒸1～2分钟后，随即放入液氮内浸泡，深冻，每一头牛的精液滴冻完毕后，分别计数分装，移入贮精罐内贮存。制作颗粒冻精使用的滴管应事先预冷，与精液平衡温度一致，滴管口的大小应事先测量好，每10滴为1毫升，每滴完1头公牛的精液，必须更换滴管、铝盒等用具，操作要准确、迅速，颗粒大小均匀。

细管冻精的贮存用橡皮筋扎成50～70支的小捆，颗粒冻精用灭菌小玻璃瓶或无菌塑料瓶分装，每小瓶以50或100粒为宜。瓶外详细标记公牛号、生产日期等。最后贮存于隔热性能良好的液氮贮精罐提漏内。贮精罐内的液氮要经常保持在冻精以上的位置，不可使冻精露出液氮表面。取用冻精时，必须在贮精罐颈口操作，动作要快，取完后，及时盖好罐塞、罐盖，防止温度回升造成对精子的不利影响。冻精贮存罐每年至少要彻底清洗1次。

16. 怎样对冷冻精液进行解冻？

使用冷冻精液输精，应先行解冻。细管冻精可用38℃±

2℃的温水，直接浸泡解冻，并迅速摇动细管。颗粒冻精则用解冻液解冻，解冻液预先升温至 38℃±2℃，1 次 1 粒，用解冻液 1～1.5 毫升，多于 2 粒时，应分别解冻。

冷冻精液解冻后应当即使用，细管冻精不得超过 1 小时，颗粒冻精不得超过 2 小时。如解冻后精液需外运时，应采用低温(10℃～15℃)解冻，然后用脱脂棉或多层纱布包裹，外边用塑料袋包好，置 4℃～5℃下贮存，但也不得超过 8 小时。

解冻后应检查活率，不符合质量标准者，即活率达不到 0.3 以上者，不得用于输精。

颗粒冻精解冻液，可按下列配方配制。

柠檬酸钠解冻液：配制 2.9%二水柠檬酸钠液，用 2 毫升灭菌安瓿封装，每支安瓿内装解冻液 1.5 毫升，用酒精喷灯火焰封口，每支可供解冻 1 粒冻精。

葡萄糖—柠檬酸钠解冻液：蒸馏水 100 毫升，柠檬酸钠 1.4 克，葡萄糖 3 克，混匀配制而成，亦可按上述方法分装备用。

柠檬酸钠—蔗糖解冻液：蒸馏水 100 毫升，柠檬酸钠 1.7 克，蔗糖 1.15 克，磷酸二氢钾 0.325 克，碳酸氢钠 0.09 克，青、链霉素各 10 万单位，混匀配制而成，亦可分装后备用。

17. 颗粒冻精和细管冻精各有何优缺点?

颗粒冻精的优点是设备简单，制作简便，体积小，便于贮存，且消耗液氮较细管冻精少，投资较细管冻精少，便于推广应用。缺点是易受污染，不便标记，且受精率不及细管冻精高。

细管冻精的优点是不易污染，便于标记，适于机械化生产，解冻、输精操作方便，不必配制解冻液，且受胎率较细管冷冻精液高5%～10%。但制作这种冻精需要相应设备，投资和成本较高。

18. 母水牛发情期何时配种为宜?

母牛的适宜配种时间，决定于母牛的排卵时间，卵子到达输卵管壶腹部保持受精能力的时间，精子达到受精部位时间和在母牛生殖道内保持受精能力的时间。母牛排卵在性欲结束后的6～15小时或发情终止后的10～11小时。卵子排出后经6～12小时进入输卵管壶腹部，保持受精能力的时间为18～20小时。有研究认为仅6～12小时，而未受精的卵子则很快死亡。精子进入母牛生殖道后到达输卵管壶腹部的时间是在输精后4小时，有研究认为仅2～15分钟。精子在母牛生殖道内保持受精能力的时间为36～48小时，并在母牛生殖道内完成具有受精能力(精子获能)的准备过程。综上所述，母牛在发情末期排卵前4～6小时输精为宜，当卵子进入输卵管壶腹部时，精子已完成生理准备，在等候结合受精。在生产实践中，母牛发情终止时间与排卵时间不易确定。因而，确定输精时间，主要根据母牛发情外表征候和卵巢滤泡发育情况综合判断。即当母牛已进入发情后期至排卵期时，母牛表现为阴唇肿胀消退、皱缩、暗红色，黏液量减少、黏稠、呈半透明状，母牛性欲消退，公牛尚跟随，但母牛拒绝爬跨，直肠检查触摸卵巢时，滤泡发育胀大，皮薄紧张，波动明显，如熟透的葡萄，有一触即破的感觉，且卵巢质地十分柔软，这时输精是比较适时的，对提高受胎率是有把握的。为了做到准确，可在母牛发情开始后28～36小时，用结扎输精管的公牛进行试情，观察母牛性欲状况，并检查卵巢滤泡发育情况，如符合配种适宜时间，可输精 1 次。输精后 8～12 小时，如还未排卵，可再补输 1 次，这样可以有助于提高母牛受胎率。

19. 输精前应做好哪些准备？

(1)输精器械的准备 主要是输精管的准备，输精管有注射式和球式 2 种。如使用细管冻精，则用细管输精器(卡苏枪)。输精前应将输精管洗净，用高温干燥消毒，冷却备用。临用前再用 70%酒精棉球擦拭，待酒精挥发无气味后，再用消毒后的稀释液或解冻液或生理盐水冲洗 1～2 次，并检查有无破损，使输精管的温度与精液的温度一致，再吸入经升温或解冻的精液，准备输精。

(2)精液的准备 输精前，将低温保存的精液缓慢升温后方可使用。夏天可使其自然升温，将精液瓶浸入水中，置室温下，经 15～20 分钟即可。冬天则需加温，将精液瓶放在显微镜保温箱内，利用保温箱的温度使精液缓慢升温。使用冷冻精液，应先行解冻。

输精前应对已升温或解冻的精液进行活率检查，液态精液活率在 0.6 以上，冻精活率在 0.3 以上，方能用于输精。输精量一般为 1 毫升，液态精液 1 次输精应含有精子数 1 亿个以上。细管冻精为 1 支(0.5 或 0.25 毫升)，安瓿和颗粒冻精为 1 毫升，含有直线前进运动的精子数为 1500 万～3000 万个。

(3)发情母牛的准备 发情母牛经鉴定已进入适宜输精时间，保定在配种架内，尾巴拉向一侧固定好，用 0.1%高锰酸钾溶液消毒母牛外阴部，并擦干。

20. 开膣器输精法和直肠把握子宫颈输精法如何操作？各有何优缺点？

输精是人工授精操作过程中最后也是很重要的一环。输精操作是否严谨，直接影响母牛受胎率。

(1)开膣器输精法 此种输精法是用开膣器插入母牛阴道，将阴道扩张开，借助手电、额镜或额灯，寻到子宫颈外口，然后把吸好精液的输精器插入子宫颈外口1～2厘米并注入精液，随之取出输精管和开膣器。这种方法比较直观，能看到输精管插入子宫颈口的情况。缺点是开膣器对母牛阴道的刺激较大，引起母牛痛感，母牛阴道收缩、拱背，输精很不方便，输精深度很浅，很容易引起精液倒流，影响母牛受胎率。阴道狭窄的处女牛，易使阴道黏膜受伤，有时插不进阴道，这种方法现已很少用。

(2)直肠把握子宫颈深部输精法 输精员按直肠检查操作规程，首先把指甲剪平，磨光滑，以免损伤直肠黏膜。然后卷起袖子，露出手臂，把手洗干净，并涂上肥皂泡沫，以利润滑。将左手指合拢握成锥形，缓慢插入直肠内，如直肠内有积粪，应先行排粪。可以轻轻刺激直肠壁或将粪便向内推，促使母牛努责，令其自行排粪。输精员将手洗净，涂上肥皂液，母牛外阴部用高锰酸钾溶液洗涤擦干。然后按上述方法将左手插入直肠内，握住子宫颈(图4-6)，手臂向下轻压，迫使子宫颈外口稍开张，然后大拇指按住子宫颈外口的上缘，助手协助拨开母牛阴唇，输精员将吸有精液的输精管向前上方插入阴道5～6厘米处，避开尿道口后，再平插至子宫颈口，这时两手密切配合，使子宫颈上下左右轻轻摆动，将输精管导入子宫颈口，同时把输精管向前缓慢插入子宫颈内。判断输精管是否插入子宫颈内，可摆动输精管，如果子宫颈随着输精管移动，即表明已插入；或触摸子宫颈，如输精管在子宫颈中间，亦已插入。如确定输精管已插入子宫颈内，再继续使输精管插入子宫颈深部 10 厘米处，再退回 2 厘米，就可将精液缓慢注入子宫颈内。注入精液时，伸入直肠内的左手将子宫稍往下压，使输精管前低后高，精液容易注入，避免倒流。如用球式输精管输精，橡皮球应在输精管退出阴道外后松开，以防精液吸回管内。退出输精管时应慢而轻，并用左手轻轻按摩子宫颈口防止精液倒流。

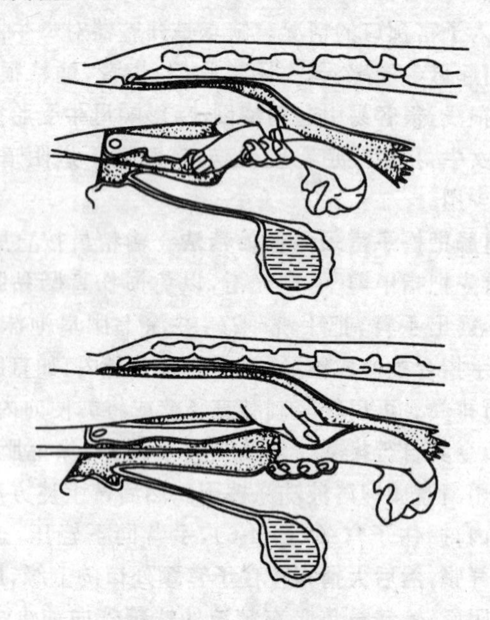

图 4-6　直肠把握输精

上：操作不正确（把握过前，颈口游离）；下：操作正确

为了保证输精质量和安全，在输精操作时应注意以下几点。

第一，插入输精管时，动作要轻、慢，当输精管进入子宫颈口，再难推进时，可能是由于子宫颈黏膜皱襞的阻碍，此时应将输精管移动角度或稍后退，旋转试探，切勿硬扎，以防损伤子宫颈，引起子宫炎。

第二，要严格消毒，尤其是吸入精液的输精管，不要与其他物品接触，防止污染，造成生殖器官感染，引起炎症。

第三，要认真耐心，准确把精液输到子宫颈深部，不要盲目输精。有的牛弓腰努责，应按压腰椎，或让过努责波，再行操作。

第四，输精时要注意保护精液，不让日光直射，不接触对精子生存不利的气味和物质，否则会引起精子死亡。

第五，输精完毕，要对残留在输精管内的精液进行镜检，如发现精子活率下降，精子大部或全部死亡，应另取精液补输。

第六，全部输精工作完毕，应立即将输精器械洗涤干净，并用酒精擦拭消毒，防止残存精液腐败发臭。

第七，做好输精记录，以便日后检查，总结提高。

第八，注意观察母牛，如再发情，应再行输精。

直肠把握子宫颈输精法的优点是：精液可以注入子宫颈深部，受胎率可以提高10%～20%；母牛无痛感，对母牛的刺激小，处女牛也可使用；可防止误给妊娠母牛输精而引起流产；用具简单，操作安全方便，已被国内外普遍采用。

21. 受精过程是怎样进行的？

公、母牛交配后，或对母牛进行人工授精后，精子进入母牛生殖器官，与卵子结合，形成新的合子，称为受精。因此，受精是各具一定遗传物质的两性细胞结合在一起发育成为一个具有双亲特性，又与双亲不完全相同的新个体。受精过程是精子和卵子结合而发生的一系列复杂的生理过程。首先精子和卵子结合前有一个生理准备的过程，即精子进入母牛生殖道以后，在形态和生理生化方面经过某些变化之后，才能获得受精能力，这一现象称为精子获能。精子获能先在母牛子宫内进行，最后在输卵管内完成，需经过20小时左右。卵子排出在到达输卵管壶腹部时，也经历了与精子类似的生理成熟过程。当精子和卵子完成其生理成熟过程，具有受精能力后，彼此相遇结合，才能完成受精过程，形成结合子。其受精过程，是精子依次穿过卵子外层的放射冠细胞，透明带和卵黄膜进入卵子，随之精子核形成雄原核，卵子核形成雌原核，两个原核同时经过一个发育阶段后，彼此接触融合，两组染色体合并，组成一组染色体，到此受精过程即告完成。整个受精过程，即从精子进入卵子到两组染色体合并的时间，牛为20～24小时。

22. 怎样鉴定母牛是否妊娠？

(1)外部观察法　输精后的母牛经过2个情期不再发情，就可初步判断为已经妊娠，或叫受胎和怀孕。母牛妊娠的外部表征为膘情渐好、被毛光泽、食量增加、行动稳重、性情温驯、阴唇收缩、皱纹加深、不定期地有少量不透明黏液流出。妊娠到5个月后，腰围迅速增大，挤奶母牛，产奶量显著下降；初产牛这时乳房迅速膨大，乳头变粗，能挤出牵缕性很强的黏性分泌物。妊娠到6～7个月时，用听诊器可以听到胎儿心音(妊娠母牛心率75～80次/分，胎儿为112～150次/分)，并可在腹部看到胎儿在母牛体内转动，特别是在清晨喂料、饮水前及运动后。妊娠 8 个月时，母牛腹围更大，更易看到胎儿在母牛腹部、脐部撞动。

尽早确定母牛是否妊娠，对保胎、减少空怀、提高母牛繁殖率有重要意义。

(2)直肠检查法 根据母牛妊娠的外部变化鉴定母牛是否妊娠，需要在母牛配种 2～3 个月后，才能做出初步判断，而且判断结果往往有误。为了更准确和早期鉴定母牛是否妊娠常采用直肠检查法。这种方法的优点是：操作简便易行，不需任何设备，只要把母牛保定好，就可进行操作，技术熟练的只需几分钟就可判断是否怀胎、胎龄，还可诊断假发情、假妊娠、子宫积液、脓肿等异常现象。对生殖器官没有不良影响，不致引起生殖器官疾病；直肠检查法的缺点是比较费体力，需要一定的实践经验，才能做出正确的判断，冬季天冷时操作不便。

初学直肠检查时，可利用屠宰场淘汰母牛进行，反复练习触摸，比较未孕和妊娠母牛各生殖器官的位置、形态、感觉。检查时按直肠把握子宫颈输精法的要求进行操作。首先找子宫颈，子宫颈在直肠下方，质地硬实，左手伸入直肠后轻轻向下按，即可触摸到子宫颈，从子宫颈向前移，即为子宫体，子宫体很短，触摸时感觉柔软，与硬实的子宫颈很容易区别。子宫体的前方即为子宫角间沟和子宫角。未孕牛的子宫角间沟非常清楚，子宫角卷曲收缩有弹性。在两子宫角的侧下方，可以摸到卵巢。卵巢质地硬实，稍扁，椭圆形。子宫和卵巢的位置，均在骨盆腔内。如果子宫角间沟已不明显，而子宫角的位置、形状、大小、粗细已不对称，一侧子宫角变粗、变长、柔软、无收缩，同侧卵巢有妊娠黄体，即可判断为已妊娠，再进一步根据子宫，卵巢的变化，判断妊娠期长短。

妊娠 20 天：整个子宫位于骨盆腔，子宫角间沟明显，触摸子宫角时，空角收缩明显，孕角收缩稍弱，质地柔软；排卵一侧的卵巢增大，有明显突出于卵巢表面的黄体（妊娠黄体），表面光滑、质地柔软，这是判断的主要依据。

妊娠 30 天：角间沟明显，2 个子宫角不对称，孕侧子宫角增大变粗，收缩反应微弱，质地柔软；空角有明显的收缩反应。卵巢上的妊娠黄体更明显，质地稍变硬，卵巢体积明显增大，有时比对侧卵巢大 1 倍。

妊娠 2 个月：子宫颈的位置前移，角间沟已不清楚，子宫角和卵巢略垂于腹腔，孕角较空角增大 1～2 倍，形如长茄子状，触摸时，无收缩反应，质地绵软，可以感到有明显的液体波动。卵巢质地硬实，妊娠黄体仍维持原样。

妊娠 3 个月：子宫颈的位置移到耻骨前缘，子宫角间沟已分辨不清，孕角更加膨大而柔软，局部如人头大，波动明显。孕侧子宫中动脉明显增粗，可以感到有一种特殊波动。

妊娠 4～5 个月：孕角继续增大，如囊状，水样波动更明显，下垂进入腹腔，孕角范围已不能完全摸到，子宫壁变薄，可以触到胎儿，并可明显摸到如蚕豆大小或钮扣大小的子叶，孕侧子宫中动脉变粗，如筷子，已感觉到明显的特殊波动。

妊娠 5 个月以上：子宫角、卵巢已沉入腹腔，可以摸到体积更大的子叶和胎儿，子宫中动脉继续增粗，由铅笔粗到小指粗。妊娠 7 个月以后，子宫和胎儿的位置逐渐后移至骨盆腔前缘。

23. 妊娠检查过程中应注意区别哪几种情况？

(1)假发情　有的牛输精 20 天后，外阴出现发情征候，有不透明的黏液流出。直肠检查时，如排卵一侧的卵巢有明显的黄体，即可判断为假发情。此时尚可结合其他外部征候进行综合判断。假发情的母牛拒绝接受公牛爬跨。阴唇肿胀不明显，无大量黏液流出，不表现发情期间外表征候的规律性变化。

(2)妊娠黄体与发情黄体的区别 妊娠黄体突出于卵巢表面，黄体表面光滑，质地柔软，卵巢体积较对侧卵巢明显增大。如果黄体不明显突出卵巢的表面，且黄体表面不光滑，卵巢体积也不比对侧卵巢增大，即可判断为发情黄体。15 天后再进行检查，发情黄体则退化，随后有新的滤泡出现；如为妊娠黄体，则黄体继续保持，而且卵巢增大，质地变硬。

(3)妊娠黄体与滤泡的区分 直肠检查时，初学者往往不易区分妊娠黄体与滤泡。区分的方法是：触摸时妊娠黄体表面光滑、柔软，但没有明显的弹力与波动；滤泡不但表面光滑、柔软，而且有明显的弹力与波动，如每隔 12 小时检查 1 次，这种弹力和波动的感觉则更明显。

(4)子宫积液、囊肿与妊娠子宫的区分 子宫积液表现为体积增大，子宫变薄，有波动而常误认为已妊娠，但子宫角间沟明显，积液可从一角流向另一角。如子宫蓄脓，则子宫壁弯厚变硬，缺乏波动与弹性，从阴道子宫颈内有脓液排出，相距一段时间再检查时，子宫不再增大或增大很少，而且子宫角间沟始终明显。

24. 水牛的妊娠期为多少天？怎样推算预产期？

母牛妊娠期是从最后 1 次配种至胎儿出生为止的天数。

妊娠期的长短与品种、年龄、胎儿性别及环境因素等有关。中国水牛(沼泽型水牛)平均为330天,摩拉水牛、尼里-拉菲水牛(江河型水牛)平均307天,中国黄牛一般为275～285天,平均280天。怀双胎比单胎稍短,怀公犊比母犊稍长,青年母牛的妊娠期比成年母牛或老年母牛稍长,在营养不足的条件下成长的母牛妊娠期稍长。

推算出母牛的预产期,便于做好产前准备,及时进行人工助产,以防分娩时出现意外或造成损失。计算的方法是以最后1次配种日期,加上平均妊娠天数。为了计算简便,对不同类型水牛的妊娠期天数,可分别采用下述公式:

沼泽型水牛预产期为:"月减1,日减5",简述为"减1减5"。沼泽型水牛平均妊娠期为330天,计11个月,以1年计算,减1即为11个月,但一年中有7个月为31天,1个平月28天,7－2＝5,故应扣去5天,即为减5。例如,1头沼泽型水牛最后配种日期为2009年5月15日,预产期计算如下:预产月＝5－1＝4;预产日＝15－5＝10。即这头母牛的预产期为2010年4月10日。

江河型水牛预产期为:"月减2,日减5",简述为"减2减5"。江河型水牛平均妊娠期307天,计10个月另7天,以1年计算,减2,即为10个月,日仍为减5,原理同上。例如,1头江河型水牛最后配种日期为2009年6月13日,预产期计算:预产月＝6－2＝4;预产日＝13－5＝8。

这头江河型水牛的预产期为2010年4月8日。

上述计算公式如遇闰年则为配种日减6。

25. 母牛分娩前有哪些征兆？产前应做哪些准备工作？

随着胎儿的生长发育和产期的临近，母牛在生理、体态和行为上会有一系列的变化。根据预产期和母牛产前征兆，可以估计分娩时间，以便及时做好产前准备工作。

母牛分娩前体征主要表现为分娩前半个月乳房开始膨大，产前几天可以挤出黏稠淡黄的液体，分娩前 2 天可以挤出乳白色的初乳。分娩前约 1 周阴唇水肿、松软、皱褶平张、封闭子宫颈口的黏液栓塞溶化，分娩前 1～2 天阴道内有絮状黏液流出，卧下时尤多；临分娩前骨盆韧带充分软化，尾根下垂，行动不安，子宫颈口扩张，开始发生阵痛，时起时卧，头向腹部回顾，频频排尿，但尿量不多，阵缩和努责频繁，表明母牛即将分娩。

母牛分娩最好安排在宽敞、安静、干燥、冬季保暖，无过堂风，并经过打扫和消毒后的牛舍内。牛舍地面铺柔软、干燥、清洁的垫草。准备好接产用具和消毒药品，如肥皂、水盆、刷子、干毛巾、剪刀、结扎脐带用的缝线、碘酊、酒精棉球、高锰酸钾、消炎粉、煤酚皂溶液等。

当母牛出现临产征候时，用 2%煤酚皂液或 0.1%高锰酸钾液洗涤消毒外阴部、尾根及后躯。接产人员亦用上述药液消毒手臂，准备接产。

26. 如何做好助产和产后护理工作？

母牛分娩时，在正常情况下，阵缩逐渐加强，腹壁肌肉强烈收缩，称为努责。随后阵缩时间延长，间隔时间缩短，母牛常卧下努责，这时要使其向左侧卧，以免瘤胃压迫胎儿。随着母牛的努责，胎膜小泡露出。当胎儿的前蹄将胎膜顶破时，用桶将羊水接住，以便分娩后喂给母牛，可预防胎衣不下。胎儿正常分娩是两前蹄夹着头先出来，牛的胎头宽大，产出最费力，努责和阵缩也最强烈。每次阵缩，胎儿产出一部分，阵缩暂停，胎儿又缩回，前蹄和唇在阴门口出入数次后，胎头才露出，这时母牛稍休息后，又继续努责和阵缩，此时尿膜和绒毛膜破裂，流出黄褐色液体，使产道润滑，接着胎儿前肢，肩部依次排出，最后借着阵缩和胎儿本身的挣扎，后躯产出。胎儿全部产出后，脐带多自行断裂。整个分娩历时为0.5～4 小时，经产母牛较短，初产母牛较长。

水牛可能出现的难产有：只见蹄，不见头，或见头不见蹄，或只见 1 个蹄。助产人员应消毒双手，将胎儿的头和蹄顺势推回子宫，整复成两蹄夹头的胎位，并借助母牛努责用力时，协助母牛将胎儿顺势外拉，切不可硬拉。若母牛努责微弱，则施行助产，用消毒绳拴住胎儿两前肢系部，助产者右手伸入阴道，大拇指插入胎儿口角，然后捏住下颌，乘母牛努责时一起用力拉，用力方向应稍向母牛臀部后下方。当胎头经过阴门时，一人用手捂住母牛阴唇及会阴部，避免撕裂。胎头拉出后，拉的动作要缓慢，以免发生子宫内翻或脱出。当胎儿腹部通过阴门时，用手捂住胎儿脐带根部，防止脐带断在脐孔内（延长断脐时间可使胎儿获得更多母体血液）。若为倒生，当两腿产出后，应及早拉出胎儿，防止胎儿腹部进入产道后，脐带可能被压在骨盆底下，造成胎儿窒息死亡。

胎儿产出后，接产人员应迅速将胎儿口腔，鼻腔中的黏液用毛巾擦干净。将脐带用碘酊涂擦消毒后，距离腹壁约 10 厘米处剪断，涂上消炎粉，用手术线扎紧。用手指剥除四肢蹄端的软蹄。胎儿身上的黏液，可用清洁柔软的干草擦拭或让母牛自行舔干。

母牛分娩后用温肥皂水擦洗外阴部、尾、后肢、乳房。用麦麸1.5～2千克，盐100～150克，加温热水和适量红糖，调成温热的麦麸盐水汤喂给母牛，补充母牛分娩时体内水分的损耗，帮助体内维持酸碱平衡，并可起到暖腹，充饥，增加腹压，帮助恢复体力，促进胎衣排出。保持安静，产房内换上清洁干燥的垫草，让母牛休息。胎儿产出后，母牛停止努责，但阵缩还会延续。正常情况下，经4～6小时(0.5～18小时)，最长不超过24小时，胎衣即排出，此时接产工作即可结束。

27. 母水牛产后多久开始发情？产犊间隔多长时间？

母牛经过妊娠和分娩，生殖器官有了剧烈变化，经一段时间的恢复才可重新发情配种，这个过程水牛为40～45天，黄牛或奶牛较短，为9～12天。子宫复原期间有大量分泌物排出，最初为红褐色，以后变为黄褐色，最后变为无色透明，这种分泌物叫恶露。

恶露排尽时间为10～15天。母牛产后14天内子宫体积明显变小，沼泽型水牛产后28天子宫基本恢复到孕前大小，挤奶的江河型水牛产后45天才能恢复到孕前大小。一般认为恶露排尽时，子宫即已复原。但产后卵巢功能恢复较慢，所以产后第一次发情时间出现较晚。一般在产后40～45天发情。据对118头江河型水牛的观察统计，平均为42.04天(16～106天)。有的母牛产后发情较晚，老龄、营养状况较差、体质较弱的母牛产后发情较晚。即使有的母牛在产后30天左右第一次发情，但由于身体虚弱、哺乳，发情征兆不明显，呈安静发情，而且比例很高，为30％～50％。据观察研究，水牛产后发情早的母牛配种受胎率低，产后发情晚的配种受胎率高，见表4-1。这可能与产后体况恢复有关。产后恢复时间长，体况好，发情受胎率提高。因此，加强产后母牛饲养，恢复体况，对提高母牛繁殖效率有着重要意义。在生产实践中，为了使母牛的子宫和身体状况得到完全复原，一般对产后发情早的母牛均安排在产后第二次发情时配种。

表4-1　水牛产后不同时期的受胎率

分娩至第一次配种（天）	第一次配种情期受胎率（％）	配种次数/受胎	分娩至妊娠间隔（天）	第一次配种至妊娠的间隔（天）
＜30	32	2.36	121	97
31～60	51	1.87	116	71
61～90	54	1.72	127	50
91～120	62	1.63	146	38
＞121	70	1.30	163	26

产犊间隔是指两次产犊之间相隔的时间，是衡量母牛繁殖力的一个重要指标。水牛产犊间隔较长，大量调查资料表明，1年产1犊的很少，大多为3年产2犊（间隔549天），或5年产3犊（间隔610天），高者4年产3犊（间隔488天）。间隔期长者，2年产1犊，或3年产1犊。据福建龙溪地区对当地水牛调查，2.5年2胎（间隔457.5天）的占36.5％，2.5～3年2胎（间隔501.5天）的占35.4％；四川当地水牛产犊间隔为556.1天（383～897天）。水牛产犊间隔时间长，与妊娠期长、产后发情间隔期长有关。农村水牛产后都是自然哺乳，而且哺

乳时间很长,约半年到1年,哺乳也延长了产后发情时间。

28. 如何提高母水牛受配率?

母牛受配率是指繁殖母牛群中,在一个配种年度内实际接受配种的母牛数。提高母牛受配率可以减少母牛空怀,提高母牛繁殖效率。由于水牛隐性发情(安静发情)的比例高,产后发情间隔时间长,因此提高母牛受配率对提高母牛繁殖效益具有重要意义。提高母牛受配率可采取以下措施。

(1)提高繁殖母牛群的质量 繁殖母牛群中生长发育不良、体质瘦弱、年龄太大、已失去繁殖能力、有生殖器官疾病者,应予以淘汰。

(2)加强对繁殖母牛群的饲养 对繁殖母牛保持较好的膘情。俗话说"满膘才能满怀"。牛的膘情好,才能正常发情配种。据对湖北地区农村母牛群的统计,一类膘的牛受配率可达85%~95%,二类膘的牛受配率为60%~65%,三类膘的牛仅30%~40%。尤其是冬、春季节,抓好冬季保膘,春季复膘、壮膘,春配时母牛才能保持旺盛的性功能。

(3)按时对犊牛断奶,促使母牛发情 在犊牛随母牛哺乳的情况下,有的犊牛到10月龄以上还尾随母牛吃奶,母牛由于哺乳,膘情差,不发情。一般犊牛生后6~8月龄即可断奶。断奶方法:可以使母仔隔离3~5天或给犊牛带上头枷,使它无法接近母牛乳房吃奶。犊牛断奶后,母牛采食旺盛,膘情很快恢复,从而促使发情配种。

(4)观察母牛发情,防止漏配 母牛营养状况不良或使役期间,母牛发情常不明显,故应经常注意检查母牛是否发情,防止漏配。检查可以用"夜检",夜间母牛卧下休息时进行观察，如发现尾根附着有黏液，阴道有透明如蛋清样的黏液流出，第二天可进一步做直肠检查，如有滤泡发育，应及时输精。

29. 如何提高母水牛受胎率？

受胎率是指配种母牛数中，受胎母牛数所占百分比。母牛受胎率有3种计算方法。

总受胎率：指全年母牛受胎头数占输精母牛总数的百分比。

总受胎率％＝受胎母牛数/输精母牛头数×100

情期受胎率：指输精一个情期受胎母牛数占输精母牛数的百分比。

情期受胎率（％）＝一个情期受胎母牛数/输精母牛头数×100

平均情期受胎率：指受胎母牛总数与输精总情期数之比。

平均情期受胎率（％）＝受胎母牛总数/输精总情期数×100

受胎母牛数根据妊娠检查结果进行统计，也有根据输精后60天不再发情作为受胎数来计算受胎率，但在统计结果上应予以说明。

母牛受胎率是衡量配种技术优劣的重要指标，提高母牛受胎率应注意掌握以下技术要点。

(1)保证精液质量　精液质量不符合标准的不输精。要求冷冻精液解冻后的活率不低于0.3，液态精液（指低温或常温条件下保存的精液）的活率不低于0.6。

(2)做到适时输精　适时输精是提高母牛受胎率的关键。卵子受精的部位是在输卵管上1/3的壶腹部，错过这一部位，卵子就失去受精能力。

(3)保证输精量 输精时，采用统一剂量规格标准的冷冻精液，每一剂量的有效精子数(指解冻后呈直线前进运动的)，细管精液不少于1000万个，颗粒精液每粒不少于1200万个，安瓿精液不少于1500万个。如用液态精液(常温或低温保存精液)输精，每毫升稀释精液应含有精子数0.8亿～1亿个，每次输精量1～1.5毫升。

(4)做到输精部位准确 应采用直肠把握子宫颈输精法，准确地将精液输到子宫颈深部，并防止精液倒流，保证输精量。输精部位，不是越深越好，超过子宫颈，受胎率也并不见得高，特别是青年母牛，不能勉强超过此限，否则容易引起子宫创伤和感染。

(5)控制输精次数 抓好产后第一、第二个情期的输精。在1个情期内采用2次输精，比1次输精的受胎率高2%～3%，但也不是输精次数越多受胎率越高，关键是要掌握好适时输精。

(6)提高母牛群中青壮年牛的比例 年龄与受胎率有密切关系。老龄母牛性功能减弱，繁殖力降低，受胎率也较低；青壮年母牛性功能活动旺盛，繁殖力强，受胎率高。

(7)加强饲养，改进母牛营养状况 膘情好的牛，性活动正常，发情明显，滤泡发育充分，发情终止后排卵快，排卵快的牛，卵子生命力强，受胎率高。因此，改善饲养管理，抓好母牛的膘情(但也不能过肥)，是提高母牛受胎率很重要的措施。

(8)减轻母牛配种期的劳役负担 农区水牛，目前仍以役用为主，配种期劳役负担重的母牛受胎率低。劳役负担重，母牛性活动受到抑制，常表现为发情不明显或滤泡发育迟缓，推迟排卵时间或不排卵，配种受胎率低。因此，在配种期间，减轻母牛的劳役负担，可以提高母牛配种受胎率。

(9)抓好配种季节 水牛可以常年发情，但也有明显的季节性，主要受气温、营养和使役的影响。据对湖北省 66 头沼泽型水牛产犊季节的分析，产犊季节集中在 6～9 月份，占 78.6%。按妊娠期 11 个月计算，母牛发情配种季节为上一年度的 7～10 月份，这时正好春耕结束，又逢牧草旺盛季节，膘情很快得到恢复，母牛出现发情旺季，配种受胎率高。进入秋收冬种，发情率降低，到冬季元月份，母牛已基本处于休情期。因此，对长江中下游农村水牛的配种，应在 7～10 月份发情旺季抓紧进行，可以提高受配率和受胎率。

(10)及时治疗母牛生殖器官疾病 母牛生殖器官疾病是造成母牛不孕、流产的主要原因，抓紧治疗母牛生殖器官疾病，可以提高配种受胎率。

30. 怎样提高母水牛繁殖率?

母牛繁殖率是指本年度内繁殖犊牛数占上年度末成年母牛数的百分比，主要反映牛群增殖效益。计算公式是：

繁殖率(%)＝本年度出生犊牛数/上年度末成年母牛数×100%

母牛配种受胎后，抓好保胎，防止流产，提高产犊率，也是提高母牛繁殖率的重要环节。由于饲养管理粗放，使役不当，造成母牛流产现象严重，有的地区母牛流产率高达 10%～20%。防止母牛流产，做好保胎工作，可以采取以下措施。

(1)科学饲养，保证妊娠母牛的营养需要 春季不宜放露水草，以防腹泻引起流产。夏、秋要早、晚放牧，并加喂夜草，加强营养，使妊娠母牛增膘、壮膘、带膘入冬。冬季要贮备足够的草料，保证妊娠母牛的营养需要，要适量贮备青干草和精饲料，不喂霉烂的稻草，不喂有黑斑病的红薯，不喂霉变饲料。饮水要勤，不饮冰水、雪水，最好喂给温水，让妊娠母牛慢饮。

(2)加强管理和护理好妊娠母牛 母牛在妊娠期，特别是妊娠后期，由于胎儿快速生长，母牛腹围增大，行动迟缓，如管理不当，容易引起流产、早产。饲养员要熟悉妊娠母牛的脾气，栏圈要宽敞，防止挤撞，最好是单圈、单槽饲养。冬季牛舍内要干燥保暖，防止贼风、过堂风。夏季要注意防暑降温，夜间要驱蚊，防止蚊虻叮咬，避免妊娠母牛烦躁不安。

(3)要做到合理使役 对妊娠母牛要专人使役，到妊娠中后期要减轻和停止使役。不要让妊娠母牛做重活、远活、转急弯、上下陡坡、跨宽沟，不打冷鞭、不急追猛赶，不大声吆吼。

群众中妊娠母牛保胎，总结有“六不”的经验，可以参照运用。

“一不混”：妊娠母牛不和其他牛混牧、混养，以防挤撞、顶架或乱配而引起流产。

“二不打”：不打冷鞭、头部、腹部。

“三不喂”：不喂霜、冻、霉烂的饲草和饲料。

“四不饮”：冬季冷水不饮，冰水不饮，夏季渴后慢饮，役后慢饮。

“五不赶”：吃饱饮足后不赶，重役不赶，坏天气不赶，路滑不赶，快到家不急赶。

“六不用”：配后、产前、产后、过饱、过饥、病时不用。

31. 怎样提高犊牛成活率？

犊牛成活率低是影响牛群增殖的重要因素，提高犊牛成活率，应做好以下工作。

(1)做好初生犊牛的护理 犊牛出生后1～2小时，被毛干燥后，就企图站立和走动，此时不易站稳，应有专人照管，防止摔倒和碰伤。帮助犊牛站立，可一手托其颈下，一手托住臀部，扶着使其站立，并引到母牛腹部，让其尽快吃到初乳。初乳营养价值高，含有丰富的蛋白质、维生素和大量抗体，易被犊牛吸收利用和增强抗病力。如采用人工哺乳培育犊牛，也应尽早挤奶饲喂犊牛，让犊牛尽早吃到初乳。

有的母牛，尤其是初产母牛不让犊牛吃奶。造成这种现象的原因很多：有的是没有哺乳过，害怕吸吮乳头；有的是因为乳房或乳头有伤口，吸吮时疼痛；有的是母性差，不喜哺乳。遇到这种情况，可强迫母牛接受犊牛吸吮，一般经过2～3天即可纠正。也有的母牛，由于产前营养太差或劳役过重，产后无乳或少乳。遇到这种情况，一方面加强饲养，喂给母牛豆浆或富含蛋白质和容易消化吸收的精饲料和新鲜的青绿多汁饲料；也可采用中药催乳，催乳无效时，可以找保姆牛或采用人工哺乳。

(2)注意预防疾病 新生犊牛适应性差，抵抗力弱，应注意天气骤变，防止感冒引起呼吸道疾病。不让犊牛舔食脏物，注意奶的卫生，做到定时定量喂奶，防止消化道疾病；保持犊牛皮肤清洁，做到无虱、无癞，每天给犊牛梳刷皮肤1～2次，促进皮肤血液循环；注意经常观察犊牛的行为和精神状态，发现病症及时治疗。

32. 什么是同期发情和定时输精？

(1)同期发情 水牛的发情识别比较困难，一部分母牛常常静默发情，特别是役用水牛，静默发情的比例很高。人们试图通过用诱导母牛发情的方法提高母牛繁殖率。这种诱导母牛集中同时发情的技术,叫同期发情或同步发情。它是用激素或其他药物处理母牛,使其在一定时间内集中发情,是一种控制母牛群体发情的技术。挤奶水牛在规模化集中饲养的条件下,对乏情母牛进行同期发情处理,可有效提高母牛繁殖效率。

用于控制母牛发情的激素类药物很多,大体上可分为4类:一类为抑制卵泡发育和发情的制剂,即孕激素类,常用的有孕酮、甲地孕酮、氯地孕酮、氟孕酮、18-甲基炔诺酮、16-次甲基甲地孕酮、SC 21009(一种人工合成的高效价孕激素)等。另一类为促进黄体溶解的制剂,即前列腺激素 $F_{2\alpha}$ 及其类似物。还有一类是促性腺激素,是在上述两类激素处理的基础上,为了提高发情排卵同期化的效果,用以促进卵泡成熟和排卵,便于定时输精和提高受胎率而配合使用,如孕马血清、绒毛膜激素、促滤泡素、促黄体素以及促性腺激素释放激素(具有促进内源激素释放作用)。还有一类是有调整发情周期作用的雌激素,作为辅助性激素,如雌二醇及其合成类似物。

目前,同期发情的应用已取得较好的成绩,即处理后2～3天内同期发情率可达70％～90％,第一情期受胎率大多在35％～55％。经过同期发情处理后,母牛恢复了正常性周期,总受胎率可以提高至60％～70％。

(2)定时输精 是在控制母牛发情时间的基础上,在预定的时间内不考虑母牛发情表现就进行输精,它与同期发情密切相连,是由同期发情衍生出来的,定时输精可以省略发情检查手续,其意义与同期发情相同。

定时输精要求必须准确控制发情和排卵时间,并进行2次输精。使用前列腺素时,在处理后70～72小时和90～96

小时各输精1次；使用孕激素短期处理时，在停药后48小时和72小时各输精1次。据对水牛的大量试验和分析认为水牛的排卵平均发生在处理后的4.57±0.8天，故此输精时间应为96、120和144小时，受胎率为35%～45%。国内外的研究都认为前列腺素（PG）诱导发情是提高水牛繁殖率的重要途径。并认为，进行同期发情处理时牛群的体况和哺乳的情况对受胎率的影响很大，在管理状条件况良好的牧场，情期受胎率可达到70%，而在农村仅40%左右。王鹏等在贵州农村，应用国产15$PGF_{2\alpha}$3毫克，一次臀部注射中等或中等偏上膘情不哺乳或哺乳期4个月以上的经产母牛，不另加任何辅助性药物，处理后不经发情鉴定，分别在第四、第五天（肌内注射药物的当天为0天）分别输精1次，受胎产犊率为46.15%。

33. 什么叫胚胎移植？有什么意义？

冷冻精液、同期发情、胚胎移植是家畜繁殖技术领域中的3项新技术。胚胎移植又称受精卵移植或卵移植，是将一头良种母牛（供体）配种后的早期胚胎，从输卵管或子宫内取出，然后移植到另一头生殖生理状态相同的母牛（受体）的相应部位，“借腹怀胎”，使之继续发育成为新个体。

胚胎移植现已进入实用阶段，移植成功率肉牛可达60%左右。胚胎移植技术的成功在牛的繁殖、育种上带来了新的突破：①可以发挥优良母牛的繁殖能力，加速品种改良，如反复从一头优良供体母牛收集胚胎，然后利用受体母牛“借腹怀胎”，这样可以从1头优良母牛1年获取40～50头后代，加速扩大良种牛群。②水牛产犊间隔时间长，应用胚胎移植，使母牛产双犊，可以提高母牛繁殖效率；冷冻胚胎便于运输和保存遗传资源，便于引种和品种交换。③目前，国内外已利用移植技术，作为研究受精作用、胚胎学、细胞遗传学等基础理论的研究手段。

胚胎移植技术程序包括：同期发情、超数排卵、供体母牛的配种、胚胎的收集、胚胎的检查、胚胎的保存、胚胎的移植等程序。

五、水牛的消化特点与饲料配制

1. 水牛瘤胃发育有什么特点?

水牛和黄牛(牛、肉牛)、牦牛同为反刍动物,消化道较其他非反刍家畜复杂,对饲料营养物质的消化利用也有其特点。牛胃分为4室,前3室分别为瘤胃、网胃、瓣胃,合称为前胃,胃壁没有消化腺,不分泌消化液,以进行物理消化和生物消化为主;第四室即皱胃,胃壁有腺体分布,能分泌胃液,故称真胃。成年水牛的胃容积约为100升,其中瘤胃的容积最大,约占4胃容积的80%(图5-1)。

水牛犊在出生时,瘤胃容积就很大,发育较充分,瘤胃容积占胃总容积的57.6%,网胃占3.8%,瓣胃占2.8%,皱胃占35.8%,即瘤胃和网胃容积之和,占61.4%;2~2.5月龄时,瘤胃和网胃之和已达到82.5%,已基本完成反刍胃的发育。而乳牛犊初生时胃容积较小,但出生后发育很快,如表5-1。

表5-1 犊牛瘤胃发育情况

种类	月龄	犊牛数	胃容积*		胃组织重**		瘤胃乳头状态	
			瘤网胃	瓣皱胃	瘤网胃	瓣皱胃	平均长(毫米)	密度(根/厘米²)
水牛犊	初生	4	42.1	28.5	0.82	0.72	0.86	455
	3月龄	2	72.9	15.3	1.27	0.69	0.79	189
奶牛犊	初生	4	15.0	24.7	0.48	0.83	0.99	1392
	3月龄	2	63.0	14.7	0.73	0.78	0.46	528

注:*每千克体重毫升数;**占体重的百分数

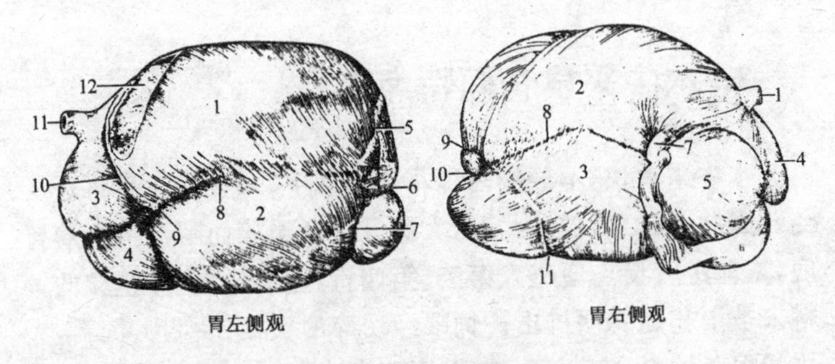

图 5-1 水牛复胃结构

胃左侧观：1. 瘤胃背囊 2. 瘤胃腹囊 3. 网胃 4. 皱胃 5. 后背冠状沟 6. 后沟 7. 后腹冠状沟 8. 左纵沟 9. 前沟 10. 瘤网胃沟 11. 食管 12. 脾

胃右侧观：1. 食管 2. 瘤胃背囊 3. 瘤胃腹囊 4. 网胃 5. 瓣胃 6. 皱胃 7. 十二指肠 8. 右纵沟 9. 后背冠状沟 10. 后沟 11. 后腹冠状沟

初生时水牛犊，第一、第二胃的容积和重量比奶牛犊大2.8倍和1.7倍，到3月龄时水牛犊第一、第二胃的容积和重量仍为奶牛犊的1.2倍和1.7倍。从出生至3月龄水牛犊胃容积增加73%，而奶牛犊增加320%。虽然奶牛犊出生后的发育较水牛犊快，但水牛犊在初生时胃的发育已很强大，水牛犊的发育仍较奶牛犊先完成。水牛犊胃的发育受饲料和营养水平的影响，若在1月龄时适当减少哺乳量，让其自由采食优质青干草和精饲料，能促进瘤胃迅速发育，3月龄时瘤胃乳头状态表现与成年牛相似，瘤胃发育已基本完成，因此在合理的饲养管理条件下，水牛犊可以提早在3月龄前断奶。

2. 水牛采食有何特点?

水牛采食快,不经细嚼即将饲料咽下,采食完以后再行反刍。因此,喂给整粒谷物时,大部分未经嚼碎而咽下沉入瘤胃底,未能进行反刍便进入第三、第四胃,造成过料,即整粒的饲料未被消化随粪便排出。饲喂经切碎的块根、块茎类饲料,大块的根茎饲料会卡在食道部,引起食道梗阻,可危及生命。水牛舌头上面有许多尖端向后的角质刺状突出物,故食物被卷入口腔就很难吐出来,如果饲草中混入铁丝、铁钉等尖锐异物时,就会随饲料进入胃内,当牛进行反刍、胃壁强烈收缩时,尖锐物体受压而刺激胃壁,造成创伤性胃炎,有时还会刺伤胃邻近的脏器,如横膈壁、心包、心脏等,引起这些器官受伤、受损或发炎。因此,饲喂水牛的饲料,要注意料型,清除异物。

水牛喜采食新鲜饲料,饲喂时要做到少喂勤添。对青绿饲料、多汁饲料和优质青干草采食快,秸秆类饲料采食慢。如果将秸秆饲料与上述饲料铡短、拌匀饲喂,可以增进牛的食欲和采食量。将秸秆饲料粉碎后加入精料压成颗粒饲料饲喂,也可增加采食量,提高饲料利用率。

水牛有竞食性,即在自由采食时互相抢食。可以利用牛的这一特点,增加对粗饲料的采食量。但放牧时,则由于抢食而行进速度过快,践踏牧草,造成浪费,应控制行进速度。牛没有上门齿,不能采食过矮的牧草,故在早春季节,牧草生长高度不到 5 厘米时不要放牧,否则牛难以吃饱,并因“跑青”而过分消耗体力。

水牛在采食时草料最初被牛舌卷进口腔,其咀嚼作用是很轻微的,只是使草料与唾液初步混合,形成食团,便于吞咽。

当水牛在采食后休息时，才把食物从瘤胃返回到口腔，进行充分咀嚼，这就是反刍。反刍是反刍动物包括水牛所特有的一种消化功能，保证饲料在瘤胃中的正常消化，这一过程极为重要，草料咀嚼得越细，越增加瘤胃微生物和小肠中消化酶与食糜的接触面积，有利于对食物的消化利用。水牛以采食青粗饲料为主，反刍就更为重要。水牛采食饲料后，经常很快就进行反刍。水牛在1昼夜中放牧或饲喂采食时间为6～7个小时，反刍时间为7～8个小时，每次反刍的持续时间平均为40～50分钟，1昼夜反刍8次左右。

3. 唾液对水牛消化有何作用？

水牛在采食时分泌大量的唾液，特别是采食干粗饲料时唾液的分泌量更多。唾液由唾液腺分泌。唾液腺由腮腺、下颌腺和舌下腺组成。唾液具有湿润草料，便于咀嚼、形成食团，也便于吞咽和反刍的作用，也具有溶解食物中的可溶性物质，引起味觉，增进食欲和杀菌保护口腔的作用。唾液的分泌量很大，1昼夜的分泌总量为100～200升，高者达250升。唾液的大量水分进入瘤胃内为饲料在瘤胃内发酵(微生物活动)提供了必要的条件。水牛唾液不含淀粉酶，但含有大量的碳酸氢盐和磷酸盐。故唾液呈碱性，pH为8.2，可中和瘤胃内微生物发酵所产生的有机酸，使瘤胃的pH维持在6.5～7.5，这又为微生物的生长繁殖提供了适宜的环境条件。

水牛唾液的分泌受饲料物理性状的影响很大，喂干草时腮腺分泌量最大，喂燕麦时，腮腺和颌下腺分泌相差不多。喂高粗料日粮时，反刍时间长，唾液分泌多，瘤胃内pH高；喂高精料日粮时，反刍时间短，唾液分泌少，瘤胃pH低，瘤胃内呈酸性环境。可见，唾液对调节瘤胃酸碱平衡和消化代谢具有重要作用。

4. 为什么说“瘤胃是个发酵罐”？瘤胃内环境是怎样的？

反刍家畜对饲料的消化和代谢，有70%～80%的干物质和50%的粗纤维是在瘤胃内进行的，水牛瘤胃对粗纤维的消化率更高，为46.8%～62.7%，黄牛为44.4%～51.5%。瘤胃虽然不能分泌消化液，但胃壁强大的纵形肌肉环能强有力地收缩与松弛，进行节律性的蠕动，以搅拌揉磨食物。胃黏膜有许多乳头突起，尤其在背囊部“黏膜乳头”特别发达，有助于对食物的揉、磨、软化。特别是瘤胃大量存在多种微生物，其生命活动对瘤胃内食物的分解和营养物质的合成起着极其重要的作用。由于瘤胃的节律性活动，将食物与微生物完成混合均匀，使得瘤胃中贮积的食物在微生物的作用下充分发酵，饲料中的可消化干物质和纤维素在瘤胃内消化，产生挥发性脂肪酸、二氧化碳和氨，并合成菌体蛋白质和B族维生素，从而瘤胃成为一个庞大的、高度自动化的、连续生产的活体“饲料发酵罐”，瘤胃对饲料的消化是在大量微生物的作用下完成的。

为保证微生物的繁殖，瘤胃提供了微生物所需的生态环境条件：①营养物。水牛采食的饲料是瘤胃内微生物活动的主要来源。吞入瘤胃的唾液含有蛋白质、尿素及矿物质等，还有氨及无机离子，由血液经瘤胃壁进入瘤胃。所有这些营养物质为瘤胃微生物繁殖提供了必不可少的条件。②水分。瘤胃内含有大量水分，一部分来源于饮水及唾液，另一部分是血液经胃壁不断地双向扩散。与此同时，瘤胃内水分又随食糜排空流走，使瘤胃内渗透压保持接近血液水平，通过上述动态平衡，不断使瘤胃内保持一定的含水量，以利于微生物的发酵作用。因此瘤胃也是牛体内水分的贮存库和转运站。③酸碱度。水牛唾液中含有大量碳酸氢钠，是构成瘤胃内强大缓冲系统的主要原料，能中和发酵产生的有机酸(挥发性脂肪酸和乳酸等)。有机酸还不断地被瘤胃壁吸收进入血液和随食糜进入消化道后段，使瘤胃内 pH 5.5～7.5，通常为 6～7，以适宜于微生物的繁殖。④温度。微生物的发酵需要瘤胃内温度保持在 38℃～42℃。⑤瘤胃运动。水牛瘤胃的节律性运动可促使饲料与微生物充分混合，连续发酵，并搅拌和推送食物经网胃进入瓣胃，并排空内容物。但水牛瘤胃蠕动比较缓慢，平均每10 分钟 11.4 次(8.5～14.2 次)，比乳牛、肉牛次数少，排空也较缓慢，因此食糜在瘤胃内滞留的时间也较长，增加了微生物作用的时间，有利于水牛对粗饲料的消化作用。⑥厌氧环境。瘤胃微性物多数属于专性厌氧微生物，少数为兼性厌氧微生物。微生物发酵产生大量气体，主要是二氧化碳(约 55%～70%)和甲烷(约 30%～45%)及少量的硫化氢、氮、氢、氧等。饲喂后 2 小时，二氧化碳和甲烷的比率为 3∶1，饥饿时甲烷含量增加，两种气体的比例为 1∶1，主要分布于背囊，在瘤胃内形成厌氧环境，适于厌氧性微生物的生存和繁殖。

5. 饲料中含有哪些营养成分？

饲料中所含各种营养成分(养分)是构成动物体的基本物质，它直接关系到维持牛的生命、生长发育、繁殖、奶肉生产、劳役等。因此，科学地饲养家畜，必须了解各类饲料的营养特性以及家畜的营养需要，从而合理地利用饲料，获得更多的畜产品，并降低饲养成本，取得更好的经济效益。

饲料中所含营养成分经合理组合可满足家畜的营养需要。饲料营养成分包括水、矿物质、蛋白质、碳水化合物、脂肪和维生素等 6 大类。如图 5-2 所示。

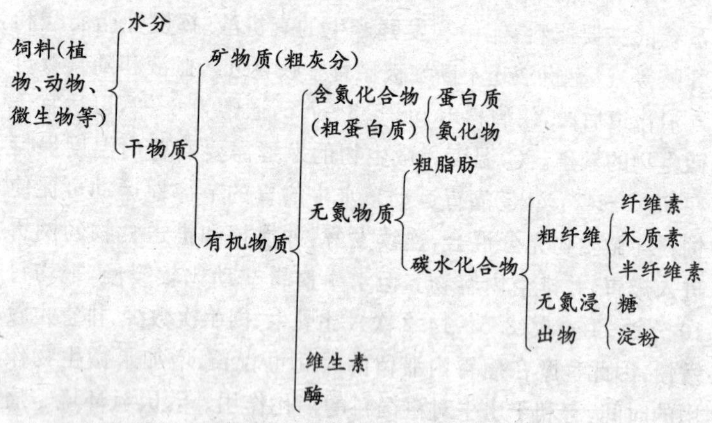

表 5-2　饲料营养成分分类

6. 饲料分为哪几类?

以往将常用饲料分为：精饲料、粗饲料、矿物质饲料和添加剂饲料等。随着饲料科技的发展，饲料资源逐渐增多，饲料的分类也更为精细。根据国际饲料命名以及分类原则，按饲料的特性共分为 8 大类，即：粗饲料、青绿饲料、青贮饲料、能量饲料、蛋白质饲料、矿物质饲料、维生素饲料、添加剂饲料。

在生产实际中，也有按饲料来源分为动物饲料（如鱼粉、血粉、羽毛粉、蚕蛹粉以及其他动物加工副产品），植物性饲料（如植物的茎、叶及子实），微生物饲料（如酵母等），矿物质饲料(如食盐、石粉、骨粉、蛋壳粉及贝壳粉等)。也有按营养功能分为能量饲料和蛋白质饲料,其实,蛋白质饲料的能量也很高,只是强调了这类饲料的蛋白质营养作用。无论采用何种分类方法,在实际应用中均应方便明了。

7. 精饲料有何特点?水牛不喂精饲料行吗?

精饲料的特点是总消化养分含量高,粗纤维含量低,不超过18%,具有体积小,适口性好,消化利用率高等特性。这类饲料包括籽实类及其加工副产品以及动物加工副产品。籽实类精饲料有禾本科籽实和豆科籽实。禾本科籽实有玉米、大麦、高粱、稻谷、燕麦、小麦等,其特点是淀粉与无氮浸出物含量高,约占干物质的70%~80%,故其消化率很高,但蛋白质含量较低,为8%~12%,粗纤维含量2%~8%,矿物质含量是磷多、钙少,维生素A、D含量很低,故在日粮中应与其他饲料配合使用。禾本科籽实饲料呈酸性,宜逐渐增加喂量。

豆科植物籽实,有黄豆、豌豆、黑豆、蚕豆等,其特点是粗蛋白质含量高,为20%~40%,无氮浸出物较禾本科籽实低,为28%~62%,矿物质和维生素等含量与谷实类大体相似,这类饲料由于含氮量高,多会引起腹胀。

有人认为水牛耐粗性强,可以不喂精饲料。这种认识并不全面,水牛耐粗性强是指对饲草中粗纤维消化利用的能力很强,但对营养的需要与其他家畜是一样的,特别是在使役和哺乳期间对营养的需要是很高的,如果营养供给不足,则役力降低,体重下降,体质变弱;冬季气温低,水牛不耐寒冷,需要散发很多热能,以保持体温,如果能量不足,也会引起掉膘,体质变弱,甚至死亡。利用水牛挤奶,更需加强饲养,在挤奶期间需要大量的能量和蛋白质，仅靠喂草是满足不了营养需要的，因为瘤胃的容积有限，牛对饲草的采食量有限，从饲草得到的营养满足不了水牛本身生存和乳的生成所需要的营养量，越是挤奶量高的牛更应饲喂适量的精饲料，这样才能发挥水牛的泌乳潜力。

8. 青饲料有何特点？南方有哪些常见的栽培牧草？

青饲料是指各种植物还在生长期，尚未开花结实的地上部分，种类很多，包括天然生长的牧草、人工栽培的牧草、蔬菜类饲料、作物的茎叶等，因其富含叶绿素，保持青绿色，故此得名。

青饲料的含水量一般很高，约为70%～90%，越幼嫩含水量越高。青饲料中蛋白质含量也较高，豆科类青饲料的蛋白质含量为3.2%～4.4%，禾本科牧草为1.5%～3%，如按干物质计算，前者粗蛋白质含量可达18%～24%，后者为13%～15%。青饲料中所含蛋白质品质优良，含赖氨酸较高。青饲料含有多种维生素，特别是胡萝卜素和B族维生素，但不含维生素D。青饲料的矿物质含量，因种类、土壤与施肥情况而有差异，但一般情况下，其钙、磷是比较适宜的，品质优良的青饲料，其营养价值按干物质计算，与精饲料相近，而维生素和蛋白质的含量则超过了精饲料。

青饲料营养丰富，全株都能被利用，且消化利用率高，可达75%～85%，但在饲喂时应注意掌握喂量，可与秸秆或青干草搭配饲喂，以防发生腹泻或瘤胃臌气。

南方常见的高产优质牧草有以下几种。

(1)红三叶　红三叶又名红车轴草，是牛采食的优质牧草。属多年生豆科草本植物，喜温、耐湿、抗寒，适于在pH6～7的黏壤土生长，一般可生活4～6年，利用期长，营养丰富，与禾本科牧草混播，可以制作良好的青干草。播后3年每667米^{2}产量可达3500～5000千克。收割期不同，所含营养成分有较大差异，详见表5-2

表5-2 红三叶营养成分 (%)

时期＼成分	干物质	占鲜重百分比					占干物质重百分比				
		粗蛋白质	粗脂肪	粗纤维	无氮浸出物	灰分	粗蛋白质	粗脂肪	粗纤维	无氮浸出物	灰分
现蕾前	18.1	3.7	0.9	2.9	9.0	1.6	20.4	5.0	16.1	49.7	8.8
开花前	27.3	4.1	1.1	7.7	12.4	2.0	15.0	4.0	28.2	45.5	7.8

从表5-2可知在现蕾前刈割，粗蛋白质含量高、粗纤维含量低，是刈割适宜时期。

(2)白三叶 白三叶又名白车轴草，南方栽培正逐渐增多，是一种优良的多年生豆科牧草，一次栽培可利用7～8年。具有产量高、再生力强、品质好、耐低温、病虫害少等特点，在高温干旱季节生长欠佳。白三叶第一年产量不高，第二年起每667米^{2}产鲜草2000千克以上，可青割作鲜草饲喂，也可晒制成青干草。鲜草和干草的营养成分见表5-3。

表5-3 白三叶鲜羊、干草的营养成分 (%)

类别＼成分	水 分	干物质	占鲜重				
			粗蛋白质	粗脂肪	粗纤维	无氮浸出物	粗灰分
鲜 草	80.1	19.9	4.5	0.7	4.4	8.2	2.1
干 草	13.5	86.5	15.2	3.4	23.7	37.2	7.0

(3)金花菜 金花菜又名苜蓿菜、黄花草子。南方各省栽培作肥料和饲料，属 1 年生越年豆科牧草。金花菜耐旱、耐贫瘠，耐湿性中等。9 月中旬至 10 月上旬播种，条播、点播均可，可与禾本科混播，每 667 米^2 产鲜草 2500 千克左右。青饲、晒干草、青贮或制作干草粉均可。粗蛋白质含量较高，不同刈割期的营养成分略有差异，见表 5-4。

表 5-4 金花菜干草营养成分 (%)

时期＼成分	水 分	干物质	粗蛋白质	粗脂肪	粗纤维	无氮浸出物	粗灰分
现蕾期	6.88	93.12	26.10	4.83	14.81	38.46	6.92
初花期	8.21	91.79	25.16	4.39	16.96	35.11	10.17
盛花期	7.23	92.77	23.25	3.85	16.99	38.74	9.94

(4)毛花雀稗 毛花雀稗又名宜安草，属多年生禾本科牧草，性喜温热，湿润气候，亦能耐旱；不耐低温，冬季常枯黄。在湿润较肥沃的土地上生长最好，每 667 米^2 产鲜草 3000 千克，1 年可割草 3 次，种子易散落，翌年能萌发再生，也可用分株法繁殖。毛花雀稗在抽穗前利用，营养含量较高，鲜草含粗蛋白质 1.27%，粗脂肪 0.33%，粗纤维 5.6%，无氮浸出物 8.8%，粗灰分 1.85%。可以青割作鲜草，或晒制青干草或青贮。可与豆科混播、放牧，耐践踏。

(5)多花黑麦草 又名意大利黑麦草，属禾本科 1 年生(或越年生)牧草。喜好温暖湿润，不耐炎热，抗旱力差，再生力强，耐多次刈割。鲜草含粗蛋白质 2.1%，粗脂肪 0.8%，粗纤维 4%，无氮浸出物 7.7%，粗灰分 1.7%。可青割作鲜草或晒制青干草，可以放牧或作青贮。

(6)鸭茅 鸭茅又名果园草、鸡脚草，属多年生禾本科牧草，可生存6～8年。喜温暖湿润气候，耐寒力中等，不耐炎热，耐阴性强，适宜于酸性土壤(pH4.7～5.5)，在湿润肥沃土壤中生长良好，春、秋播均可。每667米^{2}产鲜草约3000千克。鲜草含粗蛋白质4.4%，粗脂肪1.2%，粗纤维5.6%，无氮浸出物10%，粗灰分2.7%。可刈割、青贮或晒制干草，也常与豆科牧草混播作放牧地。

(7)苜蓿 又名紫花苜蓿，为多年生豆科牧草，适应性广，全世界广为栽培，我国栽培历史悠久，最早栽培在陕西关中地区，后来北方各省、自治区广泛种植，南方也有栽种。南方夏季多雨、湿热，收种困难，种植区域不及北方普遍。苜蓿适于温暖干燥气候，能耐－20℃低温，具有品质好、营养丰富、适口性好、产草量高、总营养物质含量高，故有"牧草之王"的美誉。苜蓿在盛花期刈割可晒制干草或草粉，孕蕾期前刈割作鲜草饲用或青贮，1年可刈割4次，每667米^{2}产鲜草2500～5000千克/年，干草1000千克/年。苜蓿营养成分见表5-5。

表5-5 苜蓿营养成分 (%)

类 别	水 分	粗蛋白质	粗脂肪	粗纤维	无氮浸出物	粗灰分
青 草	74.7	4.5	1.0	7.0	10.4	2.4
干 草	8.6	14.9	2.3	28.3	37.3	8.6
青 贮	46.6	10.0	2.5	14.2	22.0	5.3
干 叶	6.6	22.5	3.4	12.7	41.2	13.6
茎 秆	5.6	6.3	0.9	54.4	27.9	4.9

9. 怎样利用秸秆饲料饲喂水牛?

我国秸秆饲料的数量多，价廉，饲养成本低。但秸秆饲料的营养价值也较低，直接喂牛，效果并不理想，经过机械加工后，虽然可以改善适口性，提高采食量，但并不能改变秸秆饲料的营养成分提高其营养价值，因此，世界各国把利用秸秆资源、提高秸秆饲料的饲用价值作为重大项目进行研究，并已取得重大进展。

秸秆饲料营养价值低的原因，主要是纤维素含量高、粗蛋白质和维生素含量低，而纤维素的消化率低，很难利用。因此，提高秸秆饲料营养价值的技术关键是提高纤维素的消化利用率和秸秆饲料中粗蛋白质的含量，目前采用以下的方法处理后，可以显著提高饲喂效果。

(1)秸秆碱化处理 是用碱溶液处理秸秆，使植物细胞壁变得松散，易被消化液渗透，从而可以提高粗纤维消化率50%以上，并增加采食量20%～45%。碱化处理的方法有2种：一是用石灰液处理，即每100千克铡短的秸秆加3千克生石灰(或4千克熟石灰、食盐0.5～1千克、水200～250升，浸泡12小时或1昼夜，捞出晾24小时，即可饲喂，不必冲洗。二是用氢氧化钠溶液处理，即每100千克铡短秸秆用6千克1.6%的氢氧化钠溶液均匀喷洒，经18～20小时后，洗出余碱制成饼块，分次饲喂。秸秆经碱处理后，有机物的消化率由原来的42.4%提高至62.5%，无氮浸出物的消化率由原来的36.3%提高至55%，粗纤维的消化率由原来的53.6%提高至76.4%。用碱化秸秆饲喂生长牛，平均日增重可达0.497千克，比未经碱化处理提高19.56%，每增重1千克，成本降低6.5%。

(2)秸秆氨化处理 秸秆氨化是成本低、效果显著的粗饲料加工方法。稻草、玉米秸、小麦秸、大麦秸等均可通过氨化处理提高其营养价值。氨化后的秸秆是饲喂牛的良好饲料，其营养价值接近于优质干草。

氨化的简单原理是，利用氨溶于水中，形成氢氧化铵，这种强碱，能使秸秆软化，细胞壁破裂。氨与秸秆中的有机物产生化学作用，生成铵盐和含氨的络合物，使秸秆中的粗蛋白质从3%～4%提高至8%以上，从而有效地提高秸秆的营养价值。饲喂氨化秸秆所排的粪便不具碱性，不会使土壤碱化，并由于含氮量增加而提高了肥效。秸秆氨化依采用的氨源不同而有下述3种方法。

①无水氨(纯氨或液氨)法　一般采用地上堆垛式进行氨化。选择背风向阳、地势高燥、排水良好的场地，用塑料布铺底，然后将秸秆堆垛于塑料布上，在垛的中心埋入一根带孔的硬塑料管，以便通氨。堆满后再用塑料布覆盖严密，将上、下两层塑料布周边折叠卷起来用土埋好，然后按秸秆重量的3%通入无水氨(液态氨含氨98%)，处理结束后，抽出塑料管，封闭通氨孔即可。密封时间随环境温度而异，一般冬季密封8周以上，夏季密封2周即可启用。

②氨水法　建氨化池(或窖)，装入切短的秸秆，同时按秸秆重1∶1的比例往池(或窖)里均匀喷洒3%氨水。装满后用塑料薄膜覆盖，封严，在20℃条件下，密封2～3周后开窖取出晾干，散出余氨，即可饲喂。

③尿素或碳铵法　尿素或碳铵(碳酸氢铵)是我国普遍使用的化学肥料，在没有液氨来源的地区，可用尿素、碳铵作为氨源进行秸秆氨化，现已在我国各地广泛推广应用。此种方法适用于氨化窖、池或塑料袋。窖底铺塑料布，将秸秆切碎，按每100千克秸秆用尿素3～4千克或碳铵10千克，加水30～40升，混合均匀，然后将溶液分层洒在秸秆上，装入窖中压实，覆盖塑料布，封严周边即可。

(3)秸秆微贮 秸秆微贮是用微生物在厌氧条件下发酵贮存秸秆饲料的方法。应用这种方法发酵贮存的秸秆饲料称为微贮饲料。用来发酵处理秸秆的微生物是应用生物学方法,经过筛选后培育制作成的一种高效活性干菌剂。这种微生物能有效地降解农作物秸秆中的粗纤维,提高消化率。如应用乌鲁木齐海星农技站生产的微生物活性干菌制作的微贮饲料,秸秆中半纤维素较微贮前降低 43.8%,纤维素降低 14.2%,木质素降低 10.2%,有机酸提高 80.77%,粗蛋白质提高 10.7%。经过微贮后,麦秸的消化率提高 55.68%,稻草提高 58%,玉米秸提高 60%。

微贮饲料的制作方法:

第一,将秸秆饲料铡碎切短,切得越短,越易踩紧压实,效果越好。

第二,每吨农作物秸秆加入 3 克干菌剂,加入前先将干菌剂溶于 200 毫升水中,在常温下放置 1～2 小时,使其复活,再加入 600 千克 1%盐水制成菌液,将菌液均匀喷洒在铡短的秸秆上,使微贮秸秆的含水量保持在 60%～70%。

第三,添加水溶性碳水化合物。因为稻草、麦秸中可溶性营养物质较少,添加水溶性碳水化合物可供给微生物营养,加速微生物的增值,提高其活性,帮助微生物在秸秆中发酵,提高产酸量。在我国南方蔗糖产区和北方甜菜产糖区,每吨秸秆中添加糖蜜 20 升,效果最好。在广大非产糖区,可利用当地资源,如大麦粉、玉米粉、山芋粉、土豆粉、红薯粉等均可,每吨秸秆添加 10 千克左右。

第四,注意密封。常用的微贮窖有地下式、半地下式,形状有长形、圆形,建材有砖窖和土窖,与青贮窖基本一样。装窖、封窖均与制作青贮饲料要求相同。封窖时一定要注意封窖的塑料薄膜有无破损，封窖的土层要在25厘米以上，也可将土装在编制袋中压盖，袋中的土可以重复利用，又不易污染饲料。封窖后，在气温10℃～40℃条件下，经3～4周即可开窖取用。品质好的微贮饲料，具有酸香味，适口性好，牛爱吃。

此外，也可用自然发酵、酶解、胃液发酵等方法处理秸秆：

自然发酵是将秸秆切短，加适量水，进行密封窖藏，使其自然发酵，经0.5～1个月发酵完成即可取用。在发酵过程中因产生大量乳酸，所以这种方法也叫酸贮。发酵完成得好的玉米秸颜色黄而略带绿色，含适量水分，气味酸香，牛很爱吃。

酶解是利用真菌中的绿色木霉产生纤维素酶，酶解饲料中的纤维素，提高纤维素的利用率。

胃液发酵是利用瘤胃内容物中的微生物群，在体外用人工条件培养，用以发酵饲料。有人用担子菌和酵母发酵秸秆，粗蛋白质含量从2.9%提高至8.5%，消化率从42.3%提高至56.6%。

总之，今后利用微生物处理秸秆饲料应用会越来越多，效果会越来越好，是提高秸秆饲料营养价值的一条有效和重要的途径。

10. 如何制作和贮存青干草？

青干草是在青草未结子实前刈割，经自然或人工干燥除去大量水分，使干物质含量达到85%～90%，即为干草。由于保持了一定的青绿色，故称青干草。

青干草含粗蛋白质、胡萝卜素和矿物质都比较丰富，是一种营养价值比较完全的基础饲料。一般禾本科青干草含粗蛋白质6%～9%，每千克含可消化粗蛋白质约40%～50%，苜蓿干草含粗蛋白质约15%，每千克含可消化粗蛋白质100克左右。

干草质量的好坏，营养价值的高低，与牧草的生长期有关。一般规律是牧草越成熟，粗纤维含量越高，产草量越高，但蛋白质和糖的含量下降，粗纤维的消化率降低。因此，无论是晒制干草或制作青贮饲料，都应在收割时兼顾产草量和营养价值两个方面，做到适时收割。一般禾本科牧草在抽穗初期、豆科牧草在孕蕾期和开花初期收割，晒制的干草营养价值高。

晒制干草应选择晴天进行。晒制时先用平铺晒法，暴晒5小时左右，使水分迅速减少到40%左右，以后的水分蒸发减少比较缓慢，如继续用平铺晒法，胡萝卜素会大量破坏，这时可以改用小堆晒法，即将草拢成高约1米、直径1.5米的小堆，晾晒4～5天，待水分降低到10%～15%时，就可上垛保存。

在晒制干草过程中，应防止和减少叶片脱落，因为叶片比茎秆的营养价值高得多，如苜蓿干草，叶片约占植株的47%，茎秆占53%，而叶片中的粗蛋白质比茎秆高出2～3倍，钙和胡萝卜素的含量也比茎秆高。因此，豆科牧草最好打成草粉贮存。

干草可以制成草捆或草块，置于通风良好的干草棚内贮存，以防雨淋日晒，降低干草的品质。干草还可以制成颗粒，便于贮存和运输，饲喂效果好。中国农业科学院草业有限公司将苜蓿打成草捆、制成颗粒和草粉出售，很受欢迎，其质量指标如表6-3。

表 6-3　苜蓿草捆、颗粒、草粉质量指标

产品名称	等级	水分(%)≤	粗蛋白质(%)≥	粗纤维(%)≤	粗灰分(%)≤	钙(%)	钾(%)	用途
苜蓿草捆	一	14	18～20	25	10	1.6～1.65	2.3～2.4	适用于各种草食家畜饲喂
	二	14	16～17	27	10	1.6～1.65	2.3～2.4	
	三	14	14～15	30	10	1.6～1.65	2.3～2.4	
苜蓿草颗粒	一	13	18～20	25	10	1.6～1.65	2.3～2.4	为水产和畜禽动物原料添加剂
	二	13	16～17	27	10	1.6～1.65	2.3～2.4	
	三	13	13～15	30	10	1.6～1.65	2.3～2.4	
苜蓿草粉	一	13	20～23	25	10	1.6～1.65	2.3～2.4	水产和畜禽动物原料添加剂
	一	13	18～19	27	10	1.6～1.65	2.3～2.4	
	二	13	15～17	30	10	1.6～1.65	2.3～2.4	

干草水分超过20%，容易导致发热或发霉变质，甚至还会自燃，引起草堆失火。南方湿度大，在堆垛贮存前一定要检查是否干透。草湿不可与畜舍太靠近，草棚周围消防设施要到位。

11. 什么是青贮饲料？如何制作与饲喂水牛？

青贮饲料是青绿多汁饲料在收获后经铡短或切碎，再密封贮存于青贮窖内，主要靠乳酸菌产生的乳酸抑制其他杂菌生长，达到长期保存饲料的多汁性和色、香、味，营养物质的损失比晒制青干草要少得多。晒制青干草过程中，营养物质的损失达20%～30%，而青贮过程中的损失不超过10%。有些青饲料比较粗老、适口性差、浪费较大，经过青贮后，质地变得

柔软，具有酸香味，多汁、适口性好，可大大提高采食量和消化率。青饲料保存期长，有效调剂牧草季节的余缺，做到以丰补歉，特别是解决冬季饲料的好办法，而且贮量大，经济安全。故此，制作青饲料是养牛(特别是挤奶牛)的一项重要措施。

制作青贮饲料，以青贮窖、青贮壕简便易行，也可用青贮塔或塑料袋贮存的。窖、壕可用砖、沙、水泥砌成。大型青贮塔宜采用钢筋水泥结构。在地下水位低、土质黏重、不渗水的地方，也可以挖土窖。要求是不透气、不漏水。青贮窖的大小根据水牛需要量确定。每立方米可贮青贮饲料的数量，因饲料种类、含水量和铡得粗细程度而不同，一般 600～900 千克。

青贮饲料的制作方法：在制作青贮过程中，要求做到边收、边运、边铡、边装窖，越快越好。

(1)适时收割　禾本科牧草以孕穗后期到抽穗期收割为好，全株玉米青贮，最好在蜡熟期或乳熟期收割，玉米秸青贮在收穗后立即收割，豆科牧草以孕穗后期到初花期收割为佳，红苕藤宜在霜前或霜后 1～2 天收割。这时作物产量高，干物质含量高，水分相对降低，有利于制作青贮。

(2)切短　切短便于压实、压紧、排出空气；切短还可以使少量植物细胞液渗出，湿润饲料表面，有利于乳酸菌的生长繁殖。一般将原料铡成 2～3 厘米为宜。

(3)装填　窖底和窖壁四周铺一层塑料薄膜，加强密封，并防止漏水、漏气。装窖前在窖底铺 10～15 厘米厚的秸秆或软草，以吸收青贮汁液。装填青贮原料时，每装入 30 厘米左右应压实后再装，特别注意窖壁四周要压实，以减少窖内存留空气。

(4)封窖　全窖装满并高出窖面 60～90 厘米为止，然后盖上塑料薄膜，再加土覆盖，厚约 30～40 厘米。经 3～5 天，如有下沉裂缝，再添土压实，窖顶封成圆弧形，以利排水。

制作青贮料要注意的事项如下。

(1)尽量排出窖内空气 青贮成败的关键是保证乳酸菌的繁殖，控制和消灭其他微生物的活动。乳酸菌是厌氧菌，只有青贮原料切短，装窖时压实，尽量排出窖内空气，才能造成乳酸菌适宜生长的环境。

(2)要有足够的乳酸菌源 在一般情况下，刈割的青贮原料内有足够的乳酸菌。

(3)要有足够的糖分 糖是供给乳酸菌繁殖和成乳酸的原料。好的青贮原料可溶性糖的含量最低是2%，一般禾本科植物的含糖量能够满足要求，豆科牧草的糖分不足，单独青贮不易成功。利用豆科植物与含糖量高的玉米混合青贮，不仅容易成功，而且有很高的营养价值。也可在每吨豆科牧草中加入28千克糖蜜，或加入磨碎的麦芽，其量为豆科植物的20%。

(4)青贮原料的水分含量要适当 青贮发酵中，主要是靠乳酸菌的活动，而乳酸菌活动最适宜的环境含水量为65%～75%。水分过少，原料不易压实，容易发霉变质；水分过多，营养成分易于流失，或青贮饲料的酸度过大。

青贮饲料经45天后，即可开窖取用。优质青贮饲料颜色近似于原料颜色，多为绿色或黄绿色，具有浓郁的酸香味，尤以水果香味为佳，质地柔软湿润，茎叶近似原状。中等品质的青贮饲料为暗绿色或褐黄色，酸味稍浓，质地较柔软。劣质青贮饲料，有刺鼻的醋酸味或霉烂腐败味，这种青贮料不可喂牛。

开窖取用时，圆窖应一层一层取用；青贮壕应从避风的一端开始取用，分段进行，每次用多少取多少，不宜在空气中长时间存放。每次取用后用塑料薄膜或草帘覆盖好，尽量少接触空气和日晒雨淋，以减少损失。青贮饲料喂量不宜超过日粮干物质的50%，犊牛每天可喂3～5千克，成年水牛10～20千克，挤乳或哺乳水牛可喂20～30千克。

低水分青贮是将青贮原料的含水量风干到50%左右，将其铡短，再装入青贮窖内封存，也叫半干青贮。低水分青贮运用于多雨地区，因这些地区阴雨连绵无法晒制干草。且低水分青贮与晒制干草相比，叶片脱落较少，遭受雨淋的机会也较少，故营养物质的损失少。用低水分青贮饲料喂牛，采食干物质多，能促进牛多分泌唾液，降低瘤胃酸度，增强瘤胃微生物的活性，可提高饲料的利用效率，因此采用低水分青贮的牛场越来越多。但制作低水分青贮需要有高度密封的厌氧条件，采用垂直青贮窖(或塔)效果比水平式青贮窖好。

12. 什么是饲料添加剂？使用时应注意哪些问题？

为了平衡水牛日粮中维生素、微量元素等的不足，需进行添加或补充，这些微量的添加物即为饲料添加剂。它们可能是一种原料或几种原料的混合物。添加这些微量成分的目的在于完善饲料的全价性，提高饲料的利用效率。随着科学技术的发展，饲料添加剂的种类也越来越多，大体上可分为营养性和非营养性两大类。营养性添加剂主要有维生素、矿物质、氨基酸、非蛋白氮等；非营养性添加剂主要有促生长剂(如抗生素、激素、酶制剂等)、驱虫保健剂、饲料保藏剂(如防霉剂、抗氧化剂、青贮饲料添加剂等)、饲料质量改进剂(如吸附剂、颗粒黏结剂等)和畜产品质量改进剂等。

由于添加剂的种类越来越多，用途越来越广，如使用不当也会带来毒副作用，需要加以规范，因此对饲料添加剂的使用必须注意以下事项：①必须有确实的生产效果和经济效益。②对家畜不产生急性或慢性中毒和不良影响。③在饲料和家畜体内具有较好的稳定性。④不影响饲料的适口性和采食量。⑤不影响畜产品的质量和人体健康。⑥根据家畜饲养目的、生理状况、生长发育阶段和饲料条件等，有目的地合理选择使用，不能滥用。⑦使用时一定要搅拌均匀，应先在少量饲料中进行预混。⑧矿物质添加剂不能和维生素添加剂混在一起，以免氧化破坏维生素的效应。⑨饲料添加剂只能用于粉饲料中，只能短期贮存(不超过 6 个月)，要注意防潮、防发酵，更不能与饲料一起煮沸使用。⑩各种抗生素添加剂应交换使用，更不能长期使用，以防家畜消化道微生物产生抗药性。

13. 水牛瘤胃对饲料营养物质的消化代谢有何特点?

由于瘤胃内具有大量微生物存在，并且微生物参与瘤胃的消化代谢作用，因此瘤胃对饲料营养物质的消化代谢具有以下特点。

(1)对饲料蛋白质的消化代谢特点　瘤胃对蛋白质的代谢特点是能够同时利用饲料中的蛋白质和非蛋白氮，特别是能利用无机氮构成微生物蛋白质，供机体利用。当饲料进入瘤胃后，瘤胃微生物将饲料中的蛋白质分解为肽、氨基酸和氨。其中一部分被细菌合成菌体蛋白质，另一部分被瘤胃壁吸收，经血液运至肝脏，合成尿素。其中一部分尿素进入肾脏，随尿排出体外，另一部分被运至唾液腺，随分泌的唾液再次进入瘤胃。由此可见，瘤胃微生物不仅能利用饲料中的蛋白质，还能利用非蛋白质含氮化合物合成菌体蛋白质。瘤胃内这种对含氮物质循环往复的利用过程称为瘤胃氮素循环。瘤胃中被降解的蛋白质约为60%，其余40%在皱胃及小肠内被分解为氨基酸，通过肠壁吸收进入血液，供合成体组织蛋白。瘤胃对蛋白质的消化代谢如图5-3所示。

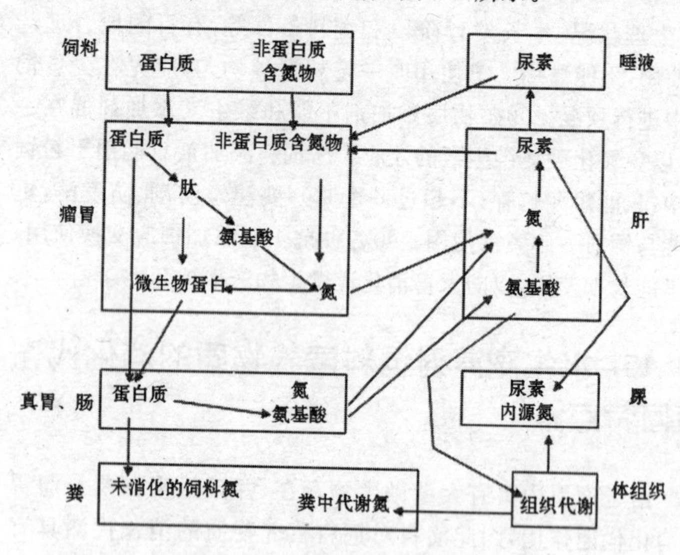

图5-3 反刍动物蛋白质消化与代谢

微生物蛋白质（即菌体蛋白）随着饲料进入皱胃和小肠，分解为氨基酸被吸收利用。瘤胃微生物蛋白质的数量很多，据测定成年母牛每天能产生180克微生物蛋白质。微生物蛋白质的氨基酸组成比较稳定，生物效价很高。因此，在水牛的饲养中可不考虑饲料蛋白质的质量，但应满足蛋白质的数量。青绿饲料中非蛋白氮含量很高，可占总氮量的10%～30%，故利用青绿饲料饲喂产奶水牛是非常合算的。

(2)对饲料碳水化合物消化代谢的特点　水牛日粮以青粗饲料为主，含有较丰富的碳水化合物(糖类)，包括单糖、双糖、淀粉、果胶、纤维素、半纤维素，平均含有量可高达70%～80%，其中较多的是纤维素和半纤维素。饲料进入瘤胃后，由于瘤胃的容积大，并进行反刍，饲料在瘤胃内停留的时间长，能进行充分的微生物发酵。有55%～95%的糖类在瘤胃中被发酵，形成挥发性脂肪酸(VFA)、二氧化碳(CO_2)和甲烷(CH_4)等。挥发性脂肪酸主要为乙酸、丙酸、丁酸，大部分在瘤胃壁被吸收成为牛的主要能量来源，而且参与各种代谢。日粮中粗纤维的含量和加工处理，会影响挥发性脂肪酸的比例。日粮粗纤维含量高，有利于乙酸生成，乙酸有助于提高泌乳量和乳脂率。日粮中纤维含量低，即高浓度日粮或粗饲料经粉碎或压成颗粒，精饲料进行加热处理或压成颗粒，都能降低乙酸比例，而增加丙酸量，而丙酸有利于肉牛育肥，但不利于奶的合成。

(3)对饲料中脂肪的消化利用特点　饲养水牛的饲料，主要为植物性饲料，这些饲料含有大量不饱和脂肪酸。据测定，青绿牧草中不饱和脂肪酸占脂肪含量中的4/5，饱和脂肪酸仅1/5。不饱和脂肪酸在瘤胃微生物作用下氢化为饱和脂肪酸，最后被降解为挥发性脂肪酸和长链脂肪酸，为后段消化道所吸收，并输送至体组织中形成体脂肪。日粮中有适量的脂肪对水牛生产性能的发挥和瘤胃内微生物的活动是有益的，然而脂肪含量过多则妨碍瘤胃正常功能，水牛日粮中脂肪含量以2%左右为宜。

(4)对维生素的消化利用特点　反刍家畜在幼龄期瘤胃的发育不完全，食物的消化在皱胃进行，与单胃家畜一样，各种营养物质依靠奶和饲料供给。当瘤胃发育完全，微生物区系形成，B 族维生素和维生素 K 可由瘤胃微生物合成，维生素 C 亦可在体内合成，但维生素 A、维生素 D、维生素 E，必须由日粮提供；而且维生素 A、维生素 E 在瘤胃被大量降解，即使具有共轭双键能抗氧化的维生素 A 在瘤胃内降解率也达 60%～70%。所以，长期用秸秆喂水牛时应补充维生素 A。

(5)对矿物质的消化利用特点 瘤胃内矿物质的主要来源是饲料和内源性唾液。瘤胃微生物具有浓缩矿物质的能力，因而瘤胃中微生物的矿物质比饲料中高几十乃至数百倍。瘤胃对矿物质的消化能力强，消化率 30%～50%。瘤胃中钠 94%和钾 20%来源于唾液。钠对各种元素的转运和吸收有重要作用，钾则对瘤胃发酵具有重要作用。锰和铜能提高麦秸、稻草的消化率。多种微生物的生长需要锰；镍可使丙酸的比例增加，碘可使戊酸增加；日粮中添加铜(6 毫克/千克)、钴(1 毫克/千克)能提高纤维素消化率，如铜过量则纤维素消化率下降，这说明适量的微量元素对瘤胃的生命活动起积极作用，过量则对瘤胃微生物产生有害作用，抑制其功能。磷对所有瘤胃微生物都是必需的，它参与糖代谢，磷还是细胞代谢产物如核苷酸和各种辅酶的主要成分。镁是瘤胃纤维素分解菌活动所必需，添加镁可提高纤维素消化率；镁还是许多细菌酶，如磷酸水解酶、磷酸转移酶的激活剂。瘤胃内微量元素与蛋白质代谢有关，铁是多种微生物生长期合成各种酶所必需的微量元素；硫是氨基酸成分，瘤胃微生物能利用无机硫将非蛋白质含氮化合物合成含硫氨基酸。钴是瘤胃微生物合成维生素 B_{12} 不可缺少的元素，钴和锌还可促进蛋白质的合成。

(6)瘤胃内水的代谢特点 瘤胃内的水占 85%～90%，瘤胃内水分除来自饲料和饮水外，尚有唾液和瘤胃液渗入。瘤胃液占牛体总水分的 15%，每日以唾液形式进入瘤胃水分占机体总水分的30%。瘤胃内水分具有强烈的双向扩散作用，与血液交流，其量超过瘤胃液的10倍之多。瘤胃可被看成是体内的蓄水库和水的转运站。

牛的需水量可以从采食饲料干物质的数量进行估算，每采食1千克饲料干物质需水3～4升，泌乳期还需增加。水是机体细胞、组织和器官的组成部分；各种营养物的吸收和输送，以及代谢产物的排出，均依靠水这一溶剂来完成；水还参与机体内的水解和氧化、还原反应，有机物的合成以及细胞的呼吸过程，体温调节等。如果缺水，家畜生命就难以继续，所以，水是生命之源。

14. 如何调控瘤胃发酵，提高饲料利用率？

瘤胃微生物发酵、降解各种饲料营养物质繁衍自己，为寄主提供菌体蛋白，但也有些未被利用的中间产物被排出体外。如瘤胃中约60%的饲料蛋白质由蛋白酶降解为肽，肽进一步降解为氨基酸和氨。氨在能源充足的情况下可被微生物利用，合成微生物蛋白，在小肠被利用；但还有一部分未被微生物利用的氨，则被瘤胃壁吸收，随血液进入肝脏，转化为尿素，从尿道排出体外，而造成损失。微生物对碳水化合物发酵产生的终产物是挥发性脂肪酸（VFA）、二氧化碳（CO_2）和甲烷（CH_4）。而CO_2和CH_4不能被利用而排出体外，污染环境，产生CH_4要损失总能的8%～10%。因此，如何减少瘤胃中能量和蛋白质的损失、提高饲料利用率，需要对瘤胃进行调控，其主要途径是控制饲料的消化与代谢。

（1）控制消化　一是控制饲料蛋白质的降解。用各种醛类处理饲料，可以保护饲料蛋白质在瘤胃内免遭微生物的降解，通过瘤胃，进入真胃，提高在真胃中的消化率。对饲料进行适度加热，可使糖的羰基键与蛋白质中的游离氨基酸结合，增强抗酶解作用，以减少蛋白质饲料在瘤胃中的降解。二是促使食物中不饱和脂肪酸避开在瘤胃中的氢化作用。用酪蛋白喷干草喂牛可防止瘤胃内不饱和脂肪酸氢化。三是提高瘤胃食糜的稀释度，使碳水化合物中大量的可溶性糖类，如单糖、双糖、淀粉类迅速通过瘤胃，在消化道的后部充分利用以避开在瘤胃内发酵产生的损失。

(2)控制代谢 主要是利用饲料添加剂等影响瘤胃发酵类型。如用离子载体(如瘤胃素)改变瘤胃微生物细胞膜的通透性，增加丙酸的比例，减少甲烷的产生；用碘、氯、溴等卤化物，可抑制甲烷菌，降低甲烷产量；用二苯基碘化合物可抑制瘤胃中氨基酸(特别是甲氨酸、蛋氨酸)和蛋白质降解，提高蛋白质利用率 9%。饲料中增喂适量不饱和脂肪酸，由于氢化作用与甲烷争氢，致使甲烷产量下降，丙酸产量增加，提高产奶量和奶的品质；挤奶母牛多喂精料，可以提高产奶量，但瘤胃内 pH 下降，会引起乳酸中毒，加喂碳酸氢钠($NaHCO_3$)等缓冲剂，能提高瘤胃 pH，还可加快瘤胃内容物流速，可使瘤胃中乙酸、丙酸比值由 1.27 提高至 2.31。

15. 水牛日粮组成与配制日粮的依据是什么?

喂给一头家畜一昼夜的饲料总量，称为日粮。日粮由精料、粗料、矿物质饲料和添加剂饲料所组成。日粮中精饲料的营养成分超过日粮总营养分的 50%以上称为精料型日粮；若粗饲料的营养成分超过日粮总营养分的 50%则称为粗料型日粮。如果饲喂单一饲料的日粮，则不能满足家畜对营养物质的需要，常常需要用几种不同的饲料进行配合。配制日粮要根据饲养标准有中不同牛的营养需要和不同饲料中各种营养物质的含量进行合理搭配，使配合起来的饲料中所含的各种营养物质基本上符合营养需要量。这种通过配合能够全面满足家畜营养物质需要的日粮，称为平衡日粮或全价日粮。作为平衡日粮的配合饲料称为平衡饲料或全价饲料。日粮配制应依据以下原则。

(1)要以饲养标准为依据　饲养标准不是一成不变的，使用时可根据季节、环境、饲料和饲养的效果等具体情况进行调整。

(2)要以饲料营养成分为依据　各地的饲料营养成分稍有差异，有些数字相差很大，最好是选本地区饲料样品的分析结果或自行分析。蛋白质饲料，如鱼粉、豆饼等最好采用实测值，因这些饲料的蛋白质含量差异很大。

(3)配合日粮要注意饲料种类的多样化　这不仅有利于配制成营养全面的日粮，充分发挥各种营养成分的互补作用，还有利于提高各种营养物质的消化利用率。

(4)要注意饲料原料的品质　在选择购买饲料原料时，要符合质量要求，切忌用发霉、变质、掺假的饲料，或有毒物质污染过的饲料。

(5)要注意饲料的适口性　配制的日粮适口性要好，牛爱采食。

(6)要易于贮存　配制好的需要贮存一定时间，因此要特别注意含水量，含水量高的饲料易发酵、霉变、不易保存。

(7)要注意降低日粮成本　配制的日粮既要能满足牛的营养需要，又要价格低廉。所采用的饲料要就地取材，充分利用当地生产的营养丰富、来源广、价格低的饲料，以降低成本。

(8)注意日粮中精粗饲料的比例 如粗饲料过多，容积过大，则饲料营养物质不够，不能满足牛的营养需要；如精饲料过多，不仅造成浪费，还会带来消化系统疾病，引起酸中毒，按照营养需要量喂给时，日粮容积不够，牛吃不饱。以青草为主的日粮，精、粗饲料的干物质比约为55∶45；以青干草为主的日粮，其比例约为60∶40。

(9)日粮配制方法 比较快而科学的方法是用电子计算机(电脑)进行。如条件不具备，也可采用微型计算器进行计算，常用的方法为试差法(又称增减法)。第一步先根据牛的年龄、体重、产奶量或增重指标，从饲养标准中，查出各种营养物质的需要量。第二步根据饲料来源，确定采用哪几种饲料，并初步确定青粗饲料的喂量及其所含营养成分的总量，不足部分用精料补充。第三步草拟配方，一般根据日粮结构和实践经验，提出初步配方。第四步根据草拟配方和饲料营养成分表，计算配方的营养成分含量。如果计算结果与饲养标准有出入，则重新调整各饲料的比例，直到与饲养标准要求基本接近即可。

六、水牛的饲养管理

1. 种公牛的饲养要点有哪些?

种公牛对改良牛的品种、提高牛群品质关系密切,特别是使用冷冻精液后,种公牛的影响面更大。一头种用价值高的种公牛得来不易,如果饲养管理不当会引起体质变弱、性格变坏、精液品质下降,甚至失去配种能力,造成重大损失。

种公牛的饲养应该是营养全价、多样配合、适口性好、容易消化。精、粗、青饲料要搭配适当。精饲料要以生物效价高的蛋白质为主。精饲料的比例以占日粮总营养价值的40%为宜,目的是要保持种公牛的健壮体质和良好体型。

种公牛从育成阶段起就要控制青、粗饲料的用量,以防腹部膨大下垂,形成草腹,影响采精配种。育成公牛的生长比育成母牛快,它们比同龄的育成母牛需要较多的营养物质,特别需要以精饲料形式提供足够的能量,使其迅速生长和性欲的发展。营养不足会延缓性成熟、精液品质低劣或生长速率下降。对育成公牛除给予充足的精饲料外,还应自由采食优质干草、青刈牧草,精饲料喂量依粗料的质量而定。在饲喂豆科及禾本科优质干草的情况下,对育成公牛和成年公牛,精饲料中粗蛋白质的含量以13%左右为宜。

要根据种公牛的体况确定日粮定额,定额过高,牛会太肥;定额不足,牛要变瘦。这都会引起种公牛体质下降,精液品质降低,甚至不能顺利采精。成年公牛精、粗饲料的喂料标准，可按每100千克体重每天喂约1千克干草、0.5千克混合精料。如1头800千克体重的公牛，每天应喂给8千克干草和4千克混合精料。精料的配合比例可用大麦40%、玉米22%、麸皮20%、豆饼15%、石灰石粉1.5%、食盐1.5%。日粮中的粗饲料也可按每100千克体重给青干草0.7千克、块根料（如胡萝卜）1～1.5千克、青贮饲料1千克，其中块根、青贮料每日不超过10千克为宜。如每日喂大麦芽4～5千克，可提高种公牛的精液品质。

种公牛的日粮可分上、下午定时定量喂给，夜间饲喂少量干草。日粮组成要相对稳定，不要经常变动。

每1～2个月称体重1次，根据体重变化，调整日粮定额。因为并不是所有公牛对日粮的反应都是相同的。

豆饼等富含蛋白质的精料是种公牛良好饲料，有利于精液的生成，但豆饼属于生理酸性饲料，喂量过多时，在体内产生大量有机酸，对精子的形成反而不利。青贮饲料属于生理碱性饲料，但青贮本身就含有多量有机酸，喂量过多同样有害。碳水化合物含量高的饲料（如玉米等）宜少喂，易造成种公牛过肥，降低配种能力。骨粉、食盐等矿物质饲料对种公牛的健康和精液质量有直接关系，既要保证供给，但喂量也不宜过多，否则对种公牛的性功能有抑制作用。不宜给种公牛喂太多麸皮，否则易引起尿道结石。

精饲料或多汁饲料过量饲喂，造成精子质量下降时，应减少喂量，增喂适量的优质干草；当精饲料品种单一，影响精液品质时，需增添精饲料种类，特别是在采精频繁时，可补饲鸡蛋、鱼粉等动物性蛋白质饲料。

多汁饲料和青粗饲料，在种公牛的日粮中占总营养物质的60%以下为宜，不可过多，特别是对育成公牛，以免形成草腹,影响种用价值。

种公牛应保持充足而清洁的饮水。但在配种或采精前后,运动前后30分钟内都不宜饮水,以免影响公牛健康。

2. 种公牛的管理要点有哪些?

第一,要了解种公牛的特性。种公牛具有记忆力强、防御反射强、性反射强的特点。因此,对种公牛必须专人负责饲养管理,不要随便更换。饲养员通过饲喂、饮水、刷拭等活动,可以了解每头公牛的脾气,做到人牛亲和,进而把公牛驯服好。在给种公牛进行预防注射和治疗时,饲养员应尽量避开,切不可给兽医人员当助手,以免给以后的饲养管理工作带来麻烦或造成伤人事故。种公牛具有较强的自卫性,当陌生人接近时,立刻表现出攻击性,特别是摩拉种公牛,表现特别敏感,当有陌生人进入种公牛舍,所有种公牛都低头、竖耳、瞪眼、怒视、前蹄刨地、哮叫,企图摆脱缰绳,进行攻击。因此,不了解种公牛特性的外来人员,特别是穿红衣服或白衣服的(往往因为兽医人员给打过防疫针)人员,切忌接近种公牛。种公牛性欲很强,采精时勃起、爬跨、射精都很快,射精时冲力很猛。如果长期不采精,或采精技术不良,公牛的性格往往变坏,容易发怒或顶人,或者形成自淫的坏习惯。

第二,要了解种公牛的神经活动类型,并根据其神经类型进行管理。

属于兴奋型的牛易受外界刺激而表现兴奋,好动和不安,性欲旺盛,在任何新的环境和场所进行配种和采精也不出现外部抑制的现象,性反射比较稳定,配种和采精次数要适当控制。这种神经类型的种公牛性格比较暴躁,在饲养管理上要求耐心、细致、安静、勇敢而沉着，每天的工作预先安排好，形成程序，时间长了，人和牛能做到彼此适应，以达到人牛亲和的目的。

属于活泼型的种公牛其特点是精力旺盛，神情活泼、性欲强。在全新的环境下采精，短暂时间内出现外部抑制现象，随即出现性反射和完全的性行为。但在同一条件下进行多次配种和采精时，会很快出现抑制状态，表现委靡不振、疲惫。为了保持种公牛旺盛的性能力，最好不要在同一环境条件下长期进行采精配种，应经常改变对种公牛的刺激条件，如更换台牛、改换采精员或改换采精员的服装、用发情母牛在采精场地诱导等。新的条件刺激可促进公牛的性反射。这种公牛较易管理，但也绝不可粗心大意。

属于安静型的种公牛，其特点是不活泼，不易兴奋，对新环境熟悉很慢，性活动出现也较前两种类型的公牛慢得多，但射精量较完全。这种类型的公牛由于好静而不好动，易于沉积脂肪而发胖，应加强运动，宜延长运动时间，但速度不宜太快。

还有一种属于懦弱型的种公牛，特点是胆怯，在新的环境条件下配种或采精时，长时间出现外部抑制现象，当出现爬跨反射时，如有任何响动，爬跨反射即停止。因此，在交配或采精时不允许高声喧哗，非工作人员禁止入场，并选择性情温驯、发情旺盛的母牛作台牛，否则由于台牛不安而影响公牛性反射。

摩拉和尼里-拉菲水牛种公牛以兴奋型和活泼型为多见；我国地方水牛则以安静型为多见，懦弱型次之，这可能与长期役用有关。

第三，做好种公牛的饲养管理。管理公牛的要领是恩威并施，驯教为主。对种公牛不逗弄、不用手抵头、不鞭打、不吼叫、不以粗暴行动对待，如发现公牛有惊慌表现时，要用温和的声音安抚，如果不驯服时再厉声呵斥。做好种公牛日常管理工作。

(1)拴系 育成公牛达10～12月龄时，须戴鼻环，经常牵遛训练，养成温驯的习性。随年龄和体格的增长，更换鼻环，3岁时换成大号鼻环。种公牛的拴系一定要牢固，要经常检查鼻环，以防松脱而导致伤人事故，或公牛殴斗，造成死伤。

(2)牵引 种公牛的牵引应坚持双绳牵引，由2人分别在牛的左右侧后方牵引，人和牛应保持一定距离。对烈性公牛，须用勾棒进行牵引，由一人牵住缰绳，另一人两手握住勾棒，勾搭在鼻环上以控制其活动。

(3)运动 种公牛必须坚持运动，上、下午各1次，每次1.5～2小时，行走距离为4千米左右。运动方式有旋转架运动、拉车运动等。种公牛站因公牛较多，宜设置旋转架，每次可同时运动数头。冬季将公牛拴在室外铁索上，铁索上套有铁滑轮，让公牛来回走动并进行日光浴。运动不足或长期拴系会影响公牛的性情和体质，精液品质下降或患肢蹄病和消化道疾病。如运动过度、拉车过重且时间过长，同样对公牛健康和精液品质有不良影响。

(4)刷洗 刷拭和洗浴也是种公牛日常管理的重要工作。要坚持每天进行刷拭，及时清除牛体污物，保持皮肤清洁，清除体表寄生虫及虫卵，促进血液循环，增强胃肠蠕动。每次刷拭都要仔细，尤其注意清除角间（枕骨脊处）、额部、颈项等处的污物，以免发痒而顶人。夏季应洗浴，最好淋浴，边淋边刷，浴后擦干。

(5)按摩睾丸 每天1～2次，与刷拭结合进行，每次5～

8 分钟。长期坚持，对改善精液品质有益。

(6)护蹄 饲养员要经常检查蹄、趾有无异常，保持蹄壁和蹄叉清洁，及时清除附着的污物。水牛蹄质坚实，蹄病较少，但也应注意护理，发现蹄病及时治疗，以防影响配种和采精。

3. 怎样做好采精期间种公牛的饲养管理？

水牛性成熟较晚，种公牛在 2.5～3 岁时开始配种、采精，每周采精 1～2 次。3 岁以后可以逐步增加到每周采精 3～4 次，或每间隔 5～10 分钟重复采精 1 次，可保持公牛性欲，获得品质良好的精液。注意保持配种、采精的环境安静。气候、光照对种公牛的采精影响很大，夏季宜安排在上午 7～9 时，冬季安排在上午 8～10 时为宜，形成制度有利于种公牛形成条件反射，增强性欲。采精场地可采用具有弹性和防滑性能的沥青地面，切勿使用抹光的水泥地面，以防公牛滑倒，造成损伤，严重时会失去配种和采精能力。种公牛采精期间的日粮品质要好，可适当搭配动物性饲料，如鱼粉鸡蛋等，粗饲料应以优质青干草为主，粗饲料品质不良时，应补充大麦芽和胡萝卜。

4. 怎样做好泌乳母牛的饲养管理？

饲养上要做到“定时定量、少给勤添”、“先粗后精”、“先干后湿”、“先喂后饮”。饲喂次数与挤奶次数一致，实行 3 次挤奶 3 次喂料或 2 次挤奶 2 次喂料。更换饲料种类时逐渐进行，过渡时间为 10～12 天，以防消化道疾病。饲料要清洁新鲜，不用霉烂变质饲料喂牛，冰冻饲料切勿喂牛，否则会引起母牛中毒、流产、产奶量下降。清除饲料、饲草中的杂质，如铁丝、玻璃等。喂给清洁饮水，禁止饮冰水，自由饮水或每日饮水3～4次，饲料干物质与饮水比例通常为1∶4.7～5.3。

舍饲水牛每天坚持2～3小时户外运动，晴天时在饲喂或挤奶后赶入运动场自由运动，适当运动能促进血液循环，增强水牛体质和食欲，减少蹄病和提高繁殖力。保持牛体和栏舍清洁卫生。冬季勤换垫料，及时清除粪便，防寒保暖，防止贼风。水牛皮肤汗腺不发达，调节体温能力较差，要做好防暑降温，保持牛舍通风良好，下午进行1次淋浴或在河塘（湖）内浴水1～2小时。我国地方水牛有1对较长的角，管理不便并增加设备投入。可对挤奶的地方水牛进行去角，方便管理，方法是在3月龄前在角基部用苛性钠进行涂抹，腐蚀角蕾（角的生长点）。

5. 母牛泌乳期分为几个阶段？各阶段的饲养要点是什么？

母牛产犊后开始泌乳，连续泌乳10个月左右或更长，这段时间叫泌乳期。泌乳期的长短个体间有一定差异，长的可达1年以上，短的仅7个月左右。泌乳期中根据产奶量和奶牛本身生理状况可划分为泌乳初期（从产犊至产后15天左右），泌乳盛期（从产后15天至产后60天左右），泌乳中期（从产后60天至275天左右）和泌乳末期（泌乳期的最后1个月，即产后275～305天）4个阶段。

(1)泌乳初期，也叫泌乳前期或产后恢复期 在此阶段，母牛分娩不久，消化功能较弱，身体倦怠，产道尚未复原，乳房往往水肿，体质还较弱。这一阶段必须尽快恢复母牛体质，为泌乳盛期打好基础。母牛分娩时体力消耗大，失水较多，口渴，宜饲喂温热麸皮汤和益母草红糖水，以补充水和能量，有助于恢复母牛体力，排出胎衣和排净恶露，产道恢复。体质较差的母牛产后 3 天内，只喂给优质青干草，3～4 天后可喂多汁饲料和精饲料，以后根据母牛食欲，乳房水肿和消化情况逐渐增加，每天增加精料量不宜超过 0.5～1 千克，乳房水肿完全消失后，饲料即可增至正常。如果母牛产后没有水肿、体质健壮、粪便正常，在产犊后的第一天便可喂多汁饲料和精饲料，到 6～7 天便可增到定量。加料过程要注意观察母牛消化和乳房的变化情况，如消化不良、乳房水肿迟迟不消，就要减少精饲料和多汁饲料的喂量。每次挤奶时要充分按摩和热敷乳房 10～20 分钟，利于乳房水肿消退。对低产母牛和乳房没有水肿的母牛，可以把奶挤干，对高产母牛，在产后 4～5 天内不可完全挤干，特别是产后第一天挤奶时，每次大约挤出 2 千克，够犊牛饮用即可，第二天挤出全天产奶量的 1/3，第三天挤出 1/2，第四天挤出 3/4 或完全挤干，这样有利于母牛恢复和预防乳房疾病。

母牛在产犊后 2～3 周，子宫内恶露排净，乳房水肿消失，体质逐渐恢复，随着饲喂量的增加，乳腺功能日益旺盛，产奶量增加而进入泌乳盛期。

(2)泌乳盛期 产后 2～14 周产奶量占整个泌乳期产奶量的 40%～50%，最高日产奶量出现在产后 4～6 周。因此，一般以泌乳期头 2～3 个月为提高产奶量的最适宜时间，必须紧紧抓住这个有利时机，加强饲养管理，进行攻奶。目前，常采用的攻奶措施有引导饲养法(或称预支饲料法)或交替饲养法。水牛泌乳高峰期攻奶一般不采用“预支饲料”法，而采用“交替饲养法”。这种方法既可发挥水牛充分利用粗饲料的生理特性，又可提高产奶量，降低生产成本。交替饲养法是每隔一定的天数，改变饲养水平和饲养特性的饲喂方法。通过这种周期性的刺激以提高泌乳水牛的食欲和饲料转化率，生产中通过改变精饲料和粗饲料的用量来实现。具体方法是，从产后第三周开始，仍按原日粮饲养，持续 1 周。第四周开始将精饲料减少至 50%～60%；多汁饲料、干草则增加至 40%～50%，维持 1 周，产奶量尚未下降。第五周开始增加精饲料，在 2～3 天内增加至第三周喂量的 150%，这时产奶量有新的增高，然后逐渐减少精料，在 1 周内下降 50%，多汁饲料和干草增加至第三周时的 180%。1 周后，精饲料逐渐增加至第三周的 160%～180%，重复以上精、粗饲料交替比例直到产奶高峰结束。总之，在挤奶旺期，要选用适口性好的饲料，有规律的操作，达到增进食欲和旺盛生理功能的目的，这样才能高产、稳产。供给足够的饮水，一般每产奶 1 千克需饮水 2.5～4 升。充分运动，增强体质是维持高产奶的基础。制订不同季节的操作日程，喂料、运动、休息、反刍、挤奶都有固定的时间，使牛形成积极的条件反射，保证高产。

(3)泌乳中期 这一阶段的特点是泌乳量逐渐下降，各月下降速度为 5%～7%，但如采用全价混合饲料和交替饲养法进行饲喂，加强运动和乳房按摩，给予充足饮水，保证母牛体质健康就可延缓泌乳量的下降速度，达到稳产高产的目的。产犊后 40～60 天期间，要经常仔细观察母牛是否发情，以便及时配种。

(4)泌乳末期 母牛妊娠后在预产期前 2 个月就要停止挤奶。在停止挤奶前的 1 个月，即为泌乳末期。这一阶段母牛已到妊娠后期，胎儿生长发育很快，母牛要消耗大量的营养物质供胎儿生长发育的需要。又由于胎盘激素和黄体激素作用的增强，抑制脑垂体分泌催乳激素，产奶量急剧下降，是母牛从泌乳期过渡到干奶期的转折点。因此，这一阶段的饲养管理已不再是为了提高产奶量，重点是为过渡到干奶期做好准备，保证胎儿的正常发育和防止流产。

6. 干奶期奶牛的饲养管理要点是什么？

干奶期是指泌乳母牛停止挤奶到产犊前的一段时间，一般为 2 个月左右。因为挤奶母牛经过 10 个月左右时间泌乳，体内营养消耗很多，需要补充营养、恢复体力和为下个泌乳期做准备，此时也正是胎儿生长发育最快的时期，因此干奶对挤奶母牛至关重要。干奶有快速干奶法和逐渐干奶法。水牛产奶量较低，到泌乳末期，日产奶量已很少，可采用快速干奶法给母牛干奶。具体方法是从干奶的第一天开始，适当减少精饲料，停喂青绿多汁饲料，控制饮水，减少挤奶次数，打乱挤奶时间，由 3 次挤奶改为 1 次，再改为隔日 1 次，隔 2 日 1 次，到第七天最后 1 次。由于母牛生活规律突然改变，产奶量急剧下降，经过 5～7 天，即可完全停奶。最后 1 次挤奶时，完全挤净后用灭菌液将乳头消毒后，注入青霉素软膏，再对乳头表面进行消毒，干燥后，以火棉胶涂抹乳头口附近。

母牛干奶后，乳房内的乳汁已被吸收，乳房萎缩，此时可逐渐增加精饲料、青干草和多汁饲料，5～7 天内过渡到干奶期饲养。

干奶前期(从干奶期开始至产犊前 2～3 周)，对于体况不良的母牛，提高营养水平，使其尽快恢复体重，要求比产奶旺盛期的体重高 10%～15%，只有这样才能保证正常分娩和在泌乳期获得更高的产奶量，可每日饲喂 5～8 千克优质干草，

10～15 千克的多汁饲料和 3～4 千克配合饲料，粗饲料及多汁饲料不宜过多，以免压迫胎儿，引起早产。配合饲料以易消化、酥松的麦麸、粉渣、豆渣、玉米粉、豆饼之类为宜，矿物质和食盐满足需要。对营养良好的母牛，从干奶期到分娩前最后几周，一般只喂给优质青粗饲料即可。

母牛妊娠后期（分娩前的 2～3 周），胎儿体积迅速增大，瘤胃受到挤压，影响采食量，这时应减少日粮容积，精、粗饲料比例调整到 60～70：40～30。母牛在分娩前 4～7 天乳房膨大过快时，可减少或停喂精饲料及多汁饲料。分娩前 2～3 天，日粮中应加入小麦麸等轻泻性饲料，防止便秘。可按下列比例配合精料：麦麸 70%、玉米 20%、大麦 10%，少许食盐和骨粉。

干奶牛日粮应新鲜、清洁、质地良好。不可饲喂冰冻的块根饲料及腐败霉烂的饲草饲料，不喂未经脱毒处理的棉饼、菜籽饼，不喂酒糟、马铃薯秧或发芽的马铃薯，以免引起流产、早产、难产或胎衣滞留。每天饲喂 3 次，给予充足的饮水和运动。夏季可放牧，让其自由运动，但要与其他母牛分群放牧，以免相互挤撞，引发流产。冬天可视天气情况，每天在运动场运动 2～4 小时。分娩前停止运动。干奶牛缺少运动易引起过肥，分娩困难、便秘及体内中毒，保持中、上等膘情即可。母牛在妊娠期，皮肤呼吸旺盛，易生皮垢，每天应进行刷拭，保护皮肤清洁，促进代谢。对干奶母牛应坚持按摩乳房，对提高产奶量有一定作用。一般在干奶后 10 天左右开始按摩，每天 1 次，与刷拭同时进行，分娩前 10 天左右停止按摩。夏天防暑降温，冬天注意防寒保暖，防止贼风和过堂风。

7. 怎样给水牛挤奶?

正确和熟练的挤奶技术能充分发挥泌乳母牛的产奶潜力,有利于多产奶和保证奶的品质,还可防止乳房炎的发生。

挤奶方法有手工挤奶和机器挤奶 2 种。机器挤奶可以大大减轻劳动强度、提高劳动效率 2～3 倍,而且挤奶速度和对乳房的刺激始终保持一致,使母牛感到舒适,可使产奶量提高 6%～10%。机器挤奶是在密闭的系统中进行的,牛奶污染的机会少,可以保证奶的卫生和品质。目前,我国规模化的水牛场数量不多,采用机器挤奶的还很少,基本上还是采用手工挤奶。即使采用机器挤奶也需要配合手工挤奶。

手工挤奶的具体要求如下。

(1)培训挤奶员 对挤奶员的要求是,不仅要熟练掌握挤奶技术,而且要细致耐心,熟练掌握牛的习性和泌乳特性,不能怕麻烦,图简便,任意改变或违背操作规程,这会影响产奶量,甚至挤不出奶而造成重大损失。

(2)对母牛进行挤奶调教 对没有经过挤奶的初产奶牛和地方水牛挤奶,要进行挤奶调教,调教必须在分娩前 2 个月就开始进行。挤奶人员应经常与母牛接近,每天定时梳刷,抚摸后躯并逐渐以手抚摸乳房。待调教到母牛接受抚摸乳房后进一步做乳房按摩动作,开始要轻,以后逐渐加力,并触摸乳头,做顶撞乳头和挤奶的动作,调教要坚持到分娩。

有恋犊性的母牛,特别是用曾经产犊哺乳的母牛往往有较强的恋犊性,开始挤奶时都不放奶,需先由犊牛吮吸才肯放奶,有的母牛见到自己的小牛后也能放奶。对这样的母牛,只能按照已形成的条件反射进行挤奶,以后逐步改变这样的反射。牛的放乳反射是习惯形成的，所以训练母牛挤奶，开始就要让母牛对挤奶形成良好的条件反射，因此要定人、定时挤奶，正确操作，待水牛习惯了一定的挤奶手法就能顺利放奶。

(3)做好挤奶前的准备 挤奶员应剪短指甲，以免损伤乳头及乳房。乳房上过长的毛也要剪掉。赶牛起立时要温和，不能鞭打。牛起立后，随即清理牛床，冬季牛床有垫草，应将牛床后 1/3 处被污染的垫草和粪便刮入粪沟，由清洁工清除运走，便于挤奶操作和保持卫生。同时，要洗刷牛后躯，避免牛体上的碎草、粪土等污物落入奶中。

(4)擦洗和按摩乳房 挤奶员准备好清洁的挤奶用具，穿好工作服，洗净双手之后，便可进行挤奶前的预备操作，即擦洗和按摩乳房。擦洗乳房是促进奶牛排乳，获得清洁牛奶必不可少的工作。洗乳房用的水，应该是清洁的温水，温度以50℃左右为宜。挤奶员站在牛的右侧，用温水毛巾先洗乳头孔及乳头，再洗乳房，然后站在牛的后侧，一手扶住牛的坐骨，一手擦洗牛的乳镜、乳房两侧与大腿之间。要洗得全面彻底。最后将毛巾拧干擦拭乳房的每一部位。将牛尾拴在牛的后腿上，进行乳房按摩。用双手按摩乳房表面，再轻按乳房各部，这时乳房膨胀，皮肤表面血管怒张，呈淡红色，皮温升高，触之较硬，这是开始放奶的象征，应立刻挤奶，不要迟误，并将 4 个乳头挤出的第一、第二把奶收集在专用器具内，不可挤入奶桶内，也不宜随意挤在奶床上，因为最初挤出的第一、第二把奶中含有大量细菌，能污染垫草而传播疾病。

(5)挤奶方法 挤奶员用小板凳坐在母牛的右侧后1/3～1/2 处，与牛体纵轴呈 50°～60°角。将奶桶夹入两大腿之间，左膝在母牛右后肢飞节前侧附近，两脚向侧方张开，即可开始挤奶，一般是先挤后面两个乳头，再挤前面的两个乳头，这叫

“双向挤奶法”。此外，还有单向（先挤一侧两乳头）、交叉（先挤左前右后，再挤右前左后两乳头）单乳头挤奶法。后一种方法在挤奶结束时，对一些特殊乳房或已经变形的乳房（如漏斗形乳房），为挤尽余奶而采用。

挤奶时以拇指和食指握住乳头基部，用力握紧，然后中指、无名指和小指顺序挤压乳头。挤压时，拇指和食指不能放松，否则奶会倒流，这种挤奶方法叫拳握法或压榨法（图 6-1），此法的优点是可以保持母牛乳头清洁干燥，不损伤乳头，不使乳头变形，挤奶速度快，省劲方便。

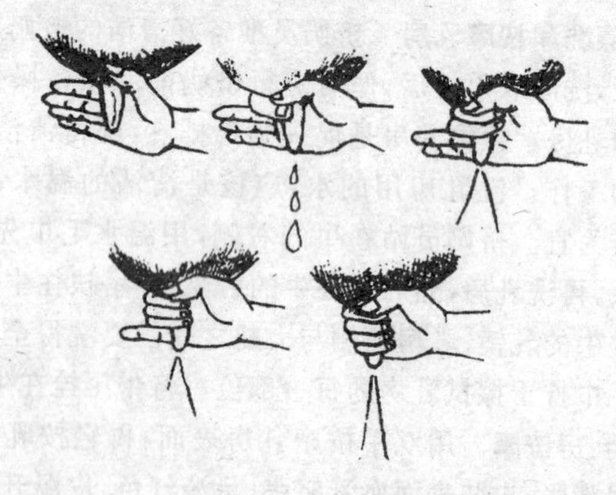

图 6-1 拳握法挤奶

用拳握法挤奶应使握拳的下端与乳头孔的一端平齐，以免奶溅到手上，污染乳汁。挤奶时手的握力要尽量做到用力均匀，挤的速度应稍快，每分钟 80～120 次，一般在开始挤奶的 1 分钟内，速度可稍慢，为 80～90 次/分，以后大量排乳，速度应加快至 120 次/分，最后母牛排乳较少，挤奶速度也相应降至 80～90 次/分。每分钟的挤奶量应能达到 1～2 千克。

对于乳头短小的母牛，如初产母牛，可用指挤法或滑榨法挤奶,即以拇指、食指捏住乳头基部,向下滑动,将奶挤出。此法初学者很易操作,但会引起乳头变长或引起乳头皮肤破裂,乳头腔弯曲等。此法需用润滑剂来减轻手指与乳头皮肤的摩擦。乳汁是取之最方便的润滑剂,但也增加了牛奶被污染的机会。因此,除乳头特别短小的母牛,不采用此法。

当大部分奶已挤完时,应再次按摩乳房,可采用半侧乳房按摩法,即先按摩右侧乳区,再按左侧乳区。动作是两手由上而下,由外向里按压一侧两乳区,用力稍重,如此反复 6～7 下,使乳房的乳汁流向乳池,然后重复榨取各个乳区。到挤奶快结束时,进行 3 次按摩乳房。这次必须用力充分按摩,尤其是对初产母牛更要做好。方法是用两手逐一分别按摩 4 个乳区,直到完全挤尽,点滴不留为止。挤毕可在乳头上涂以油脂,防止乳头龟裂。每次按摩时,要把奶桶放在另一边,以免按摩时毛、尘、皮屑等落入桶内污染牛奶。

(6)挤奶注意事项

第一,挤奶时要精力集中,禁止喧哗、嘈杂和突然音响。勿让生人靠近母牛以防影响产奶量。有人试验,挤奶时给母牛放轻音乐可提高产奶量。说明挤奶时,创造安静、良好的环境,使母牛感到舒适,有利于乳汁的分泌。

第二,通过擦洗和按摩乳房产生的刺激通过神经系统作用于乳房的收缩组织和神经内分泌反射地引起肌上皮和平滑肌细胞的收缩,使奶由乳房排出,这种反射和收缩的时间很短,只能维持 7～8 分钟,因此挤奶过程要连贯进行,要求在几分钟内挤完,中途不可停顿。如果时间拖得过长,反射活动已过,奶便返回乳房而很难挤出,导致产奶量减少。

第三,严格执行作息时间,并按一定顺序进行作业,不可任意打乱或改变。任意的改变会引起母牛不安,不仅造成挤奶困难，也会影响挤奶量。

第四，遇有踢人恶癖的母牛，要态度温和，严禁拳打脚踢，应不断给予安抚。挤奶时注意母牛的右后腿，如发觉牛要抬右后腿时，可迅速用左手挡住。不得已时用绳将两后腿拴住挤奶。

第五，每头牛的奶，应分别称重，做好产奶量记录。患有乳房炎的母牛应在最后挤奶，并将牛奶分开处理。挤奶用具在使用前后，均应洗净晾干，保持清洁。

8. 应怎样饲养高产水牛?

引进品种摩拉和尼里-拉菲水牛，1 个泌乳期(305 天)产奶量在 2500 千克以上，我国地方水牛 1 个泌乳期(305 天)产奶量 1000 千克以上，杂交水牛第一胎泌乳期产奶 1800 千克以上，或者说在本场产奶量在该品种(或类群)平均产奶量以上者，可视为高产母牛。对高产水牛的饲养管理要注意做好以下几点。

(1)保证高产营养需要量 喂给高产母牛的日粮营养水平高而平衡。日粮中精饲料、粗饲料的比例 45%～50%∶50%，钙、磷的比例为 1.3～1.8∶1，饲料品种多样化，维生素、矿物质充足。

(2)饲料品质优良 要求品质优良的青干草，青贮饲料和块根类多汁饲料。绝无霉烂，适口性好。

(3)要给予足够的饮水 水对高产母牛尤为重要，水牛奶中含水量 80%左右，饮水量 100～120 升/日，饮水充足，产奶量可提高 10%以上。最好在牛舍内安装自动饮水器，让牛自由饮水。如无此种设备，则每天应给牛饮水 3～4 次，夏季天热时更应该增加饮水次数。在运动场应设置水池，经常贮满清水，水池要定期清洗，消毒，保证水质洁净。

(4)加强运动和梳刷，保证母牛具有健康体质 如母牛运动不足，牛体易肥，体质下降，适应能力下降，易感消化、呼吸器官等疾病和肢蹄病。因此，对高产奶牛，每天除坚持2～3小时的户外驱赶运动外，每次饲喂和挤奶后，在晴天也应放入运动场内，让其自由运动，并梳刷牛体，以保护皮肤清洁，促进皮肤血液循环，增强体质。

(5)要保持高产母牛旺盛的食欲 除了加强运动，选用优质、适口性好的饲料，以增进牛的食欲外，还可采用交替饲养法，以不断更换日粮组成，刺激母牛食欲，达到多吃高产的目的。

(6)加强管理 对高产母牛要注意夏防受热、冬防受寒。水牛虽然分布我国南方，但在南方不同地区的气温相差也较大，长江流域及以北地区，冬季气温在0℃以下，夏季在35℃以上，在华南，闽南地区则夏季高湿高热，更需做好防暑，如开放落地窗，加强空气对流，给牛浴水或用水淋洗牛体；运动场牛舍屋顶搭凉棚或种树，水槽内经常贮满冷水，牛舍内放置冰块，开电扇等。多饲喂含糖多的多汁青绿饲料，以补充热增耗所消耗的能量。冬季给牛舍门窗增加草帘，增加垫草，防止贼风和过堂风，不喂冰水和霜冻饲草饲料。

(7)专人挤奶，保护乳房健康 高产母牛隐性发情的比例较高，尤应注意观察母牛发情，及时配种，以防漏配。

9. 如何组建地方水牛的挤奶母牛群？

目前，我国引进的乳用品种水牛和杂交水牛的数量不多，用地方水牛挤奶约占挤奶水牛的 1/3。如何选择地方水牛组建挤奶母牛群,需从以下几个方面进行挑选。

(1)挑选体质健康的母牛 体质健康是产奶多的基础。体质健康的牛表现为神情活泼而不倦怠,眼睛发亮而不呆滞,被毛光泽而不杂乱,体况结实而不松弛,膘情饱满而不肥胖,体表清洁、无外伤、无体表寄生虫、后躯和腹部无粪便污染,粪便干湿适中、不干结、不腹泻,尿色清亮,行步轻快,肢势端正、无跛行,蹄圆正、蹄冠清洁、蹄质坚实、蹄趾并齐、蹄叉无异物。

(2)挑选青壮年母牛 青壮年母牛是繁殖最旺盛的时期,也是泌乳旺盛期。识别水牛的年龄可以从角的生长和牙齿更换的情况进行推算。水牛的牙齿分为乳齿和永久齿。初生时为乳齿,随着年龄的增长,磨损、脱落而换成永久齿。乳齿和永久齿的区别如表 6-1。

表 6-1 牛乳齿与永久齿的区别

区 别	乳 齿	永久齿
色 泽	乳白色	稍带黄色
齿 颈	有明显的齿颈	不明显
形 状	较小而薄,舌面平坦,伸展	较大而厚,齿冠较长
生长部位	齿根插入齿槽较浅	齿根插入齿槽较深
排列情况	排列不够整齐,齿间空隙较大	排列整齐,且紧密而无空隙

牛的牙齿包括门齿和臼齿,共 32 枚,无犬齿。其中门齿 8 枚,臼齿 24 枚。门齿也称切齿,用来咬断饲草,在下颌前方。上颌无门齿,仅有角质层形成的齿垫。在下颌中央的一对门齿,叫做钳齿,在钳齿两侧外面的一对叫内中间齿,再外面两侧的一对叫外中间齿,最外面两侧的一对叫隅齿。臼齿在门齿两侧后面,每侧上、下颌各 6 枚,较门齿宽、长而大。水牛从 2.5～3 岁时,第一对门齿(钳齿)乳齿脱换为永久齿,俗

称“三岁扎两齿”或称“对牙”，以后每年更换1对，俗称“四岁四个牙”或称“四牙”，“五岁六牙”，“六岁齐口”到六岁时门齿全部换为永久齿。以后再根据永久齿的磨损情况进行判断。组建挤奶母牛群是挑选的青壮年母牛，换齿以前和齐口以后的母牛可不作为挑选之列。

(3)挑选已妊娠和乳房发育好的母牛 为了让母牛能尽快投产，以挑选已妊娠的母牛为好。母牛妊娠后乳房开始发育，可以更好地了解母牛乳房的质地和发育情况。发育好的乳房，表现为前后伸展、皮薄毛细、呈粉红色。以手触摸感觉质地柔软，4个乳头排列整齐，间距宽。两后肢间距宽，外阴部发育良好。

(4)挑选体型好的母牛 要求母牛头型清秀，角细致，嘴宽而齐，颈薄稍长，胸宽深，肩胛与胸部结合紧密，背腰平直，臀宽而长，肩部充实，腹部不卷不垂，呈圆筒形，体躯长，四肢结实有力。生长发育快的母牛较生长发育慢的母牛有更好的产奶潜力。生长发育快慢可以体高、体长、胸围和体重衡量，同一年龄的牛体躯较高、较长、胸围和体重大者，生长发育较快，生产潜力较大。如果体躯很矮，体长(躯干)也不够伸展，显得体躯很短，这样的母牛以后的产奶潜力不会很好。

(5)挑选采食能力强的母牛 采食能力强的母牛也就是俗话说的“槽口好”的牛，食欲旺盛，采食快，不择草料。这样的牛无论是放牧或舍饲都能很快吃饱。“槽口好”的牛表现为口大，唇宽而厚，上下唇齐，口叉深长，下颌宽，用手打开牛的口腔时，容易打开不抗拒，舌薄而尖，易从口腔内拉出，鼻孔大，鼻镜宽，胸宽，腹大。

(6)挑选性情好的母牛 性情温驯的母牛便于管理，也易于调教挤奶。母牛的性情好坏，可以从眼神，额形和行动看出来。性情不好或胆小易受惊的母牛，表现为眼小凹陷、眼皮薄、睫毛乱、眼睛发红、眼神很凶，额突起，稍有响动耳朵就竖起来，表现出很戒备的样子，当人靠近时低头用角抵，表示反抗，或企图脱绳逃跑。性情温驯的牛则表现为眼神温和，额平头宽，行动稳重，虽有响动也不表现特别惊恐，稍后即恢复常态。人接近时，无反抗、畏缩的表现。

(7)选优去劣，不断更新 挤奶母牛群组建完成后，对已妊娠的母牛做好保胎护胎，并进行挤奶训练。对未孕母牛要做好发情观察，及时用引进的乳用品种公牛的冷冻精液配种。训练母牛采食精料，因为从农村挑选来的母牛，是不喂精饲料的，补喂精饲料，可以提高产奶量。训练时将青粗饲料铡短，与精饲料拌匀喂牛。经过几次饲喂，即能习惯采食精饲料。

对产奶母牛要做好产奶记录，母牛产完1个泌乳期后，要进行一次评定，对产奶量低和有其他缺陷的母牛应淘汰，并挑选优秀母牛补充，这样不断更新，可以逐步提高牛群产奶量。

10. 犊牛的饲养管理要点有哪些？

犊牛是指初生到断奶阶段的幼牛。断奶之后直到性成熟为育成牛；从性成熟到产第一胎犊为青年牛。也有将育成牛和青年牛不区分，统称为育成牛或青年牛。犊牛的饲养管理应注意以下几点。

(1)做好新生犊牛的护理 初生到7日龄之内的小牛叫新生犊牛。新生犊牛免疫力低，对外界的适应能力较弱，很容易感染疾病，是死亡率最高的时期。因此，要格外注意做好新生犊牛的护理。刚出生的犊牛，要用清洁的干草或毛巾把口、鼻内的黏液擦净。地面垫上干净的垫草。母牛会把小牛身上的胎水舐干。脐带用消毒后的剪刀在离小牛脐孔20～25厘米处剪断，脐带里面的血污用手挤出，断口处用碘酊消毒。最后将犊牛移入经过消毒的犊牛栏内清洁干燥的垫草上。犊牛舍温度10℃以上为宜。

(2)要尽早给犊牛吃到初乳 初乳具有犊牛所需的各种养分和抗体，而犊牛刚出生时对初乳中抗体吸收率高达50%以上，出生后12小时吸收率下降至25%左右，出生后18小时仅为12%，到出生后36小时，犊牛肠道几乎不能直接吸收乳中的抗体物质了。所以，要早吃初乳，而且最初几次要喂给足够的初乳。及时足量喂给初乳的小牛显得更为健康，可以降低死亡率50%以上。

(3)进行人工哺乳 为了不妨碍母牛挤奶，一般都采用人工哺乳的方式饲喂犊牛。人工哺乳量可按犊牛体重的10%左右，日喂3次，并注意喂奶用具的清洁卫生和奶的温度。第一周喂犊牛母亲的初乳，随挤随喂，以后逐渐转为喂常乳。喂奶量也随体重的增加而增加。

(4)早期开食 指给犊牛早吃草料，可以促进瘤胃发育。10～15日龄投喂少量粉料和优质青绿干草，到1月龄时肠胃功能可逐步发育健全，采食草料的能力会日渐增加。从而顺利过渡到断奶后的饲养。

(5)加强管理和疾病防治 要保持犊牛栏和各种用具的清洁卫生，已被污染的垫草要随时清除，以防犊牛舔食。晴朗无风时让犊牛在运动场自由活动，并进行刷拭，保持牛体清洁卫生。饮水要新鲜卫生保证足量。防止犊牛饮脏水、污水引发肠胃疾病和寄生虫病。天气变化时，要做好防风防寒工作，按照防疫要求，按时进行疫苗注射。

11. 怎样给犊牛断奶?

断奶就是给哺乳犊牛停止喂奶。水牛犊在自然哺乳情况下,有 8~10 个月的哺乳期,有些犊牛随母牛吃通奶,直到母牛停止泌乳为止。人工哺乳的犊牛,一般有 6 个月的哺乳期,到哺乳期的最后 1 个月逐渐减少喂奶量,增加饲料、饲草的喂量,到 6 月龄时停止喂奶,全部饲喂草料,并称量犊牛断奶体重,了解哺乳期增重情况。水牛犊哺乳期平均日增重 500~800 克,均属生长发育正常情况。犊牛断奶后即转入育成牛群进行饲养。

为了节约喂奶量,增加商品奶,降低犊牛饲养成本,现广泛采用早期断奶,即犊牛 1~2 月龄或更早开始训练犊牛采食代乳料(或称开食料),供其自由采食,并提供优质干草,待犊牛每天能吃到 1 千克左右的代乳料时就可断奶。

喂犊牛的代乳料要求营养丰富,易于消化,适口性强,能起到诱导犊牛早开食的作用,所以又叫做开食料。开食料的配方可选用:炒大麦 50%、麸皮 20%、豆饼 25%、骨粉 2%、磷酸氢钙 1%、食盐 1%,一般粗蛋白质含量 20%以上,粗纤维 15%以下,粗脂肪 10%以下,含有丰富的钙、磷和维生素。

12. 什么叫人工乳? 怎样饲喂?

为了节约鲜奶,已有不少牛场采用人工乳培育犊牛。一般在犊牛出生后 10 天左右喂完初乳即可用人工乳代替全乳。全乳的用量可减少到 20~40 千克或完全不喂全乳。人工乳比代乳料的营养价值更高,粗纤维的含量更低。人工乳的配方为：脱脂奶粉 69%、动物脂肪 24%、乳糖 5.3%、二价磷酸钙 1.2%。另按每千克奶粉加 35 毫克四环素和维生素 A、维生素 D、维生素 E 等。人工乳粉为白色粉末，含可消化粗蛋白质 22%以上。喂时用净水稀释，1 千克代乳粉加水 7.5 升，配制成人工乳，含脂率 3%。饲喂方法是在出生后前 3 天喂初乳，第一天 3 千克，第二天 2.5 千克，第三天 2 千克，到第四天改用 2 千克母乳加 0.5 千克人工乳。第五天 2 千克母乳加 1 千克人工乳，第六天 2 千克母乳加 1.5 千克人工乳，第七天 1 千克母乳加 3 千克人工乳，第八天改为完全饲喂人工乳。到 12 周龄时人工乳喂到 12 千克，每天喂 2 次。到第八周龄时喂给优质精饲料和干草，犊牛能获得较好的增重。

另一种全人工乳培育犊牛的方法是犊牛出生后 1 周喂给亲生母牛的初乳，从 8～35 日龄的 4 周内，饲喂人工乳，每天 2 次。前 2 周喂量每天 200 克，后 2 周为每天 250 克。将人工乳溶于 6 倍量的温水(40℃)中，多采用奶桶直接哺喂。8～35 日龄除喂人工乳外，同时喂给代乳料和优质干草。从 36 日龄以后停喂人工乳，只喂代乳料和干草。饲喂人工乳期间，代乳料每天喂量 100～200 克，停喂人工乳后迅速上升至 1000～3000 克。在饲喂人工乳和代乳料期间要注意供给饮水，冬季给予 30℃的温水，每天 1～2 升。

13. 怎样制作发酵初乳饲喂犊牛？

产奶量高的母牛，初乳量除饲喂犊牛外还有剩余，将剩余的初乳贮积起来，经过自然发酵或人工发酵延长保存时间，即发酵初乳。发酵初乳中含有较多的干物质、蛋白质和脂肪，饲喂时按1∶1 的比例用水进行稀释，每日喂量不宜超过 3.5 千克。发酵初乳的贮存时间不超过2～3周，否则蛋白质易分解腐败，引起犊牛腹泻。

发酵初乳的制作方法：初乳挤下后用纱布过滤，加温至70℃～80℃，维持5～10分钟。奶桶加盖，待初乳冷却至40℃左右，倒入经消毒处理的发酵罐或塑料桶中，再加入发酵剂或已发酵好的酸奶（可用市售鲜酸奶），按初乳量的5%～8%（气温高时用量少，气温低时用量多）加入混匀，加盖放置在无阳光直射的房间内，经3～5天，待罐内乳汁呈半凝固状态时即可饲用。加热初乳的温度绝不可过高，否则会出现凝块，影响质量。发酵初乳呈乳白色，带有酸甜芳香味。如颜色呈灰色、黑色或有腐败酸味、霉味，说明受到杂菌污染，已变质，绝不可用来饲喂犊牛。

14. 怎样饲养管理好育成牛？

育成牛是从断奶到产犊前这一阶段的牛，正处于快速生长发育阶段，育成期的饲养管理对其生长发育和今后的生产性能至关重要，必须做好以下工作。

（1）保证生长发育的营养需要 6～18月龄的育成牛正处于性成熟期，体型向高度和长度方向急剧生长，性器官和第二性征发育很快。前胃的发育已相当充分，胃的容积已扩大1倍左右，需要丰富的营养物质。根据不同月龄的体重和增重目标，确定日粮的营养水平和饲喂量。日粮中除喂给优良的牧草、干草和多汁饲料外，应补喂适量的精饲料，约占日粮的30%。12～18月龄以青粗饲料为主，约占日粮总量的75%，25%为混合精料，以补充能量和蛋白质的不足。18～24月龄时，成熟较早的育成母牛可开始配种受胎。生长渐趋缓慢，体躯向宽深方向发展。这一阶段的育成母牛不可过肥而影响发情配种，也不可过瘦，而成为体躯狭浅，四肢细高的低产母牛。此期应以优质干草、青草、青贮和块根类饲料作为基础饲料，精饲料可以少喂甚至不喂。如有放牧条件，可以放牧为主，在优良的草地放牧，可减少精饲料 30%～50%，如草地质量不良，应补喂一些干草和多汁饲料。总之，饲养育成母牛，应用大量青粗饲料，少喂精饲料，促进育成母牛采食量，以发挥高产潜能。

(2)进行分群饲养 育成牛应公、母分群饲养，实行散放的管理办法，以节约劳动力，降低管理费用。

(3)加强管理 要求每天至少梳刷 1～2 次，每次 5 分钟。运动对育成牛更为重要，充足的运动可以锻炼肌肉和内脏器官，特别是心肺功能。有放牧条件时每天上、下午各 1 次，每次 2～3 小时；舍饲条件下每日进行 2 小时以上的驱赶运动。晴天在运动场自由活动并接受日光浴，促使皮下麦角醇转化为维生素 D，以促使钙的吸收而有利于骨骼的生长。

(4)做好乳房按摩 育成母牛配种受胎后，特别是在妊娠 5～6 个月以后，乳房组织正处于高度发育阶段，为了促进育成牛乳房的发育，应进行乳房按摩。对育成牛进行乳房按摩可以增加牛与人的接触，做到人牛亲和，使牛的性情更为温驯，有利于分娩后接受人工挤奶；有利于乳房内血管、神经组织和乳腺的发育，提高泌乳性能。

按摩乳房的方法是：先让牛站好，以一手按住牛背，另一手慢慢接触乳房。开始训练时小牛很不习惯，不安或蹦跳逃避，要特别注意踩伤人。待牛安静后用手抚摩牛的腹壁，由远及近。当按触到乳房后，如不反抗，可轻按牛的乳房四区(4 个乳头的基部)，轻按轻揉数次。然后模拟挤奶动作，轻轻拉捏乳头数次，每个乳头都捏到。这样反复进行，维持 5～10 分钟。6～18 月龄育成母牛每天按摩 1 次，18 月龄以后每天按摩 2 次，分娩前 10 天左右停止按摩。

15. 怎样对水牛进行放牧饲养？

有放牧条件的地区，对挤奶水牛特别是育成牛应采取放牧饲养的方式，获得营养丰富、鲜嫩的青绿饲料，清新的空气和充足的阳光及运动，降低饲养成本。

(1)放牧前的准备 当春季牧草生长到 5 厘米以上时即可开始放牧，低于 5 厘米易出现“跑青”，消耗体能。放牧前要做好以下准备。

①草场的准备 放牧前要对草场进行 1 次清理、除杂，特别是扔弃的塑料、农药瓶等废弃物和有毒杂草。准备好放牧用围栏，测定草场载畜量，根据放牧牛群的头数和草场载畜量，计划所需草场面积。

估测草场载畜量，首先要确定单位面积产草量，再根据牛的采食量，计算出每头牛在放牧期间所需草场面积或单位面积能承担的放牧牲畜量。

草地产草量的测定：通常采用每平方米样方割草量来计算。每个放牧小区至少测 10 个样方，每大区测 10～20 个样方，取其平均数。选择样方要有代表性，即不能选择牧草生长最好或最差的作样方，所测样方的割草高度应与牛的采食高度相似，并除掉牛不能利用的植物，使测定结果更接近实际情况。最后根据样方产草量计算出每公顷产草量。

每公顷产草量(千克)＝样方产草量×10000

式中：10000 为每公顷的平方米数。

若进行分区轮牧，应根据轮牧次数确定样方的测定次数和时间。如一轮牧小区1年轮牧3次，则在这个小区每次进入放牧前测1次，即3次。将3次产量相加，便代表该小区的全年产草量。

水牛的放牧采食量：水牛的放牧采食量因体重大小、年龄、性别、增重速度、妊娠和泌乳等情况而异。牧草品质的优劣也会影响采食量。牛每天采食的干物质量相当于体重的2%左右，但体重大，膘情好的牛则低于2%；年龄较小，体重较轻，膘情差的牛往往高于2%。按体重比例计算采食量，不同牛之间有时会相差1倍以上，但可作为参考。为了计算方便，在生产实践中，把不同类别的牛对牧草的需要量，都折合成成年母牛的标准，即牛单位。载畜量统按每公顷草场所担负的牛单位，或每个牛单位需要多少草场面积来表示。如以成年母牛平均体重450千克为1个牛单位计算，日采食干物质量为9千克，以放牧期7个月计算，共需采食干物质量为1890千克。放牧期7个月，每公顷草地测定的产草量为45000千克，以每千克鲜草平均含干物质15%计算，干物质产量为6750千克。以每头成年母牛放牧期所需干物质除以每公顷草地放牧期干物质产量，即为草地载畜量，即1890÷6750=0.28，说明0.28公顷草地负担1个牛单位，亦即每公顷草地的载畜量为3.57个牛单位。如果放牧牛群中各种类型的牛折算成85个牛单位，那么需草地0.28×85=23.8公顷。不同类别牛的牛单位见表6-2。

表6-2　不同类别牛的牛单位

牛类别	牛单位
成年母牛	1
产犊3个月内的哺乳母牛	1.25

续表 6-2

牛类别	牛单位
产犊 3～6 个月内的哺乳母牛	1.40
6～12 个月的育成母牛	0.50
12～17 个月的育成母牛	0.65
17～24 个月的育成母牛	0.80
2 岁的阉牛	0.90
成年公牛	1.25

②**牛群的准备** 牛群由舍饲转入放牧之前要进行 1 次驱虫，以免寄生虫污染草地。由舍饲转入放牧饲养要逐渐过渡，以防牛群骤然采食大量青草，引起腹泻、臌胀等消化道疾病。具体方法是在转入放牧前 1 周，逐渐加大青草喂量，直到全部饲喂青草后，再转入放牧饲养。或者开始转入放牧饲养时，控制放牧时间，第一天放牧 1 小时，以后每天增加 1 小时，直到转入全天放牧。

(2)放牧方法 为了合理利用和保护草场，提高载畜量，最好采用分区轮牧，分区轮牧可使草地得到恢复生长，能较均衡地提供质量好的牧草，利用效率可提高 20%～30%。合理分区轮牧还可以防止过牧引起的草场衰退。一般根据草场面积和植被情况，将草场划分为 6～7 个区，轮流放牧，每区平均放牧 5～6 天，应使牛群充分采食，而又使草地不至过牧或过度践踏。各区放牧后应刈除废草，将排泄的粪便均匀撒布于牧地，以增进地力，改良土质。放牧后，牧草的高度应保持4～5 厘米，以利再生。轮牧周期应根据采食后牧草恢复到应有的高度所需的时间来确定，一般为 30～40 天。

轮牧次数因草场类型、气候和水源条件而异，差的草场可轮牧2次，一般草场2～4次，水源较好的草场能轮牧4～5次。南方气温较高，水、热条件好，牧草生长期长，如每个分牧区在每次轮牧后，加强水肥管理，产草量可以增加，轮牧的次数也可增加。

轮牧小区的面积，主要根据产草量和牛群大小而定，产草量高，牛群密度可大些；产草量和覆盖度低，牛群密度小些。优质草场，每头成年牛所需草场面积0.0533公顷(0.8亩)，中等草场0.1公顷(1.5亩)，较差的草场为0.2公顷(3亩)。此外，也应考虑牛群管理方便。

轮牧小区建应设围栏。围栏可因地制宜，就地取材。可用石头或砖砌墙或挖沟与造林(生物围栏)相结合。在围栏放牧的基础上，采用条状轮牧的方法比一般轮牧可提高草地利用效率15%～20%。即在固定围栏中用电牧栏隔成一个长条形小区，每天移动电牧栏1次，更换1个小区。

为了便于放牧管理，提高草场利用率，大型牛场可将牛群分群放牧，如划分为妊娠母牛群、空怀母牛群，育成母牛群。并根据牛群特点分配草场。育成牛群可以分配在距离较远的草场，空怀母牛群应分配较近的草场，以便观察发情配种，妊娠母牛宜分配在较近的优质草场。

秋季霜冻前20～30天应停止放牧，否则影响牧草翌年的生长。雨天最好不放牧，特别要禁止到豆科牧草地放牧，否则易引起牛的臌胀病。雨天必须放牧时，可在有坡度的草地放牧，并且不要在一个地方停留过久，以免踏坏牧草。

七、水牛奶品质及初加工

1. 水牛奶的理化特性对加工有何影响?

水牛奶因其总营养物质含量高,被誉为“奶中之王”,与荷斯坦(黑白花)牛奶相比,乳蛋白质和乳脂肪均显著高于后者,两者营养成分见表7-1。

表7-1 水牛奶与荷斯坦(黑白花)牛奶主要营养成分 (%)

品种	干物质	脂肪	粗蛋白质	乳糖	粗灰分	钙	磷	柠檬酸盐
中国水牛	21.80	11.04	5.86	4.85	0.86	0.22	0.14	0.216
摩拉水牛	18.20	7.60	4.28	4.88	0.84	0.20	0.14	0.219
意大利水牛	18.67	8.50	4.52	4.60	0.84	—	—	—
杂交水牛	17.45	7.70	4.15	4.85	0.75	0.18	0.10	0.16
中国黑白花奶牛	12.67	3.60	3.40	4.75	0.80	0.13	0.10	0.15

由于水牛奶的化学成分与荷斯坦奶牛牛奶存在较大差异,使得水牛奶在一些特定的乳品加工中具有较大的优势。水牛奶蛋白质中酪蛋白的胶束微粒子(135毫米),明显大于荷斯坦奶牛牛奶的酪蛋白胶束微粒子(100毫米),便于奶的凝集,形成富有弹性的胶体状态和良好的蛋白网络结构,有利于加工生产优质干酪。据考察,意大利水牛奶全部用于生产具有水牛奶特殊品质的“莫兹瑞拉”(mozzarella)——一种意

大利著名的干酪系列产品。加工生产这种干酪的原料奶，要求粗蛋白质含量4.3%以上，乳脂率7%以上，而水牛奶正符合这种要求，荷斯坦牛奶则达不到这一要求。用水牛奶和荷斯坦牛奶分别作为原料奶加工含水量为37%的干酪，水牛奶获得干酪产品的产量达到31.89%，而荷斯坦奶牛仅为15.48%，即原料产品比水牛奶约为3∶1，荷斯坦奶牛约为6∶1。因此，无论从产量和质量来说，水牛奶是加工干酪最理想的原料奶。

由于水牛奶的色泽呈纯白色，不像荷斯坦奶牛乳白色或略带微黄色，因水牛奶中几乎不含胡萝卜素，而维生素A的含量很高，故对水牛奶进行加工时，对其颜色可适当调整。

由于水牛奶脂肪球颗粒较大，有利于分离奶油，但颗粒大影响消化吸收率，同时脂肪易上浮，影响奶的稳定性。且水牛奶脂肪中棕榈酸和硬脂肪酸等长链脂肪酸含量高，使脂肪变得较硬。因此，加工水牛奶时进行均质对改善其性质是十分必要的。

水牛奶干物质含量较黑白花牛奶高9%，但由于其中乳脂肪含量较高，因此水牛奶的相对密度(1.0278～1.0336)与荷斯坦奶牛差异不大。水牛奶的pH为6.7～7.0(平均6.68)，滴定酸度为13.6^{0}T～18.6^{0}T(平均14.6^{0}T)，荷斯坦奶牛pH 6.5～6.7，滴定酸度为16^{0}T～18^{0}T，两者之间有明显差别。因此，对水牛奶进行原料奶验收时不应直接采用GB 6914－86(生鲜奶收购标准)作为收购标准，而应制定相应的水牛奶收购标准。

2. 什么叫初乳、常乳、末乳、异常乳？

泌乳期不同阶段的乳成分有所变化，因而区分为“初乳”、“常乳”、“末乳”和“异常乳”。

母牛分娩后7天内分泌的乳称初乳。初乳营养丰富，但因其具有轻泻性，加热即凝结为块状，不宜人类食用和制作乳制品。常乳是母牛产犊7天后分泌的奶，味微甜，直到停奶前1周左右，其成分和性质均较稳定，可作鲜奶和乳品加工原料。母牛在停止泌乳前1周左右分泌的乳汁称末乳或老乳。末乳中各种成分的含量，除脂肪外均较常乳高，味苦而咸，有油脂气味，不宜食用，也不可作原料奶。凡不适于饮用或不适于生产奶制品的奶，如初乳、末乳、乳房炎奶，以及混有杂质、凝块、颜色异常或有异味者，均为异常奶，不可作为原料奶。

3. 影响牛奶品质的因素有哪些？

(1)温度影响 牛奶加热至40℃以上时，表面形成薄膜，即牛奶的蛋白质凝固物。在加热过程中进行搅拌，可防止形成薄膜。奶长时间高温加热，奶中维生素被破坏，乳糖产生蔗糖化物质，变成棕色。在74℃下加热15分钟，β-球蛋白和脂肪球膜蛋白发生变性而产生蒸煮味，甚至产生挥发性的硫化物和硫化氢(H_2S)的气味。蒸煮味的程度随温度而异，温度越高，蒸煮味越浓。

(2)微生物的影响 牛奶中的微生物来源于牛体和乳房的污染，空气、挤奶人员和挤奶用具都会造成这种污染，应杜绝污染源保持奶的卫生。鲜榨奶的最初阶段由于本身具有杀菌物质而不腐败，但经过自身的灭菌作用以后，乳酸菌、蛋白质分解菌、大肠杆菌等开始繁殖，产生酸败、碱化、胨化、产气，最后腐败发臭。

(3)气味的影响 牛奶有吸收气味的性质，与哪种气味接触或接近，就会吸收哪种气味，而降低牛奶本身的风味。与葱蒜、鱼虾接近就有葱蒜味腥气，在牛舍放置久了，就会有牛粪尿或饲草的气味。因此，在存放牛奶的地方不允许有异味的东西存在，以免损害牛奶的风味。

4. 新鲜水牛奶应进行哪些初步处理?

牛奶含营养丰富、容易污染、不易保存，对刚挤出的鲜奶应及时进行初步处理。

(1)过滤 牛奶在挤出后，难免要掺入一些杂物，如牛毛、饲料、尘埃、粪屑等，这些杂物混入牛奶内，会带入相当数量的微生物，加速牛奶的变质，因此对刚挤的牛奶必须及时进行称量、登记，并进行过滤，去除杂质，减少微生物对牛奶的污染。过滤时用消毒纱布，折叠成3～4层，结扎在集奶桶口。将刚挤出的奶倒入扎有纱布的集奶桶内达到过滤的目的。但应注意过滤纱布过滤的奶量不可超过50千克。否则，不仅会失去过滤作用，反而会使已经过滤出的杂物与微生物重新滤入奶内。使用过的纱布，立即清洗，并用0.5%碱水洗涤，然后用清水清洗，再煮沸消毒10～20分钟，拧干，存放于清洁干燥处备用。凡是将奶从一个容器转入下一容器，从一道工序转到下一道工序，都应进行1次过滤。

(2)净化 奶经过数次过滤后，虽然除去了大部分杂质，但有些极微小的杂质和细菌难以用一般的过滤方法去除。为保证牛奶的纯净度，应采用离心净奶机或自动排渣净奶机或三用分离机（奶油分离、净奶、标准化）净化。净化后的奶最好直接加工。需短期贮藏时，必须及时冷却，以保持奶的新鲜度。

(3)冷却 刚挤下来的奶温度在36℃左右，是微生物繁衍最适宜的温度。如不及时冷却，进入奶中的微生物便会大量繁殖，酸度迅速增高，使奶的质量降低、变质。所以，挤出后的奶应迅速进行冷却，以抑制奶中微生物的繁殖，保持奶的新鲜度。

奶中含有一种抗菌物质，称为“拉克特宁”，能抑制细菌的繁殖。但这种抗菌物质的特性，与奶的温度和奶污染的程度有极大的关系。奶的温度越低，被污染的程度越小，则抗菌物保持的时间越长，反之则短。因此，经过过滤和净化的牛奶，应立即进行冷却，以抑制奶中细菌的繁殖，延长牛奶抗菌特性的时间。

冷却的方法很多，常用而且比较简单的方法有以下几种。

①*水池冷却* 这是最古老而简单有效的方法。适合没有制冷设备的农村使用。根据日产奶量建一个水池。冷水的进口设在水池的底部侧边，使池水不断更新。冷水的出口与奶桶肩部等高。池面要有防止奶桶浮起的设备，以免不满的奶桶浮起歪倒混入冷却水。水池中放入冷水或冰水后将奶桶放入水池，为加速牛奶冷却和使牛奶冷却均匀，宜经常搅拌，并及时更换池水。池中的水量应是被冷却奶量的4倍。冷却水以深井水为好，水温较低，最好是用流动水，使水长久保持低温，因温度越低，冷却的效果越好，奶冷却至18℃，对奶的保鲜已有相当作用，冷却至13℃，能保鲜12小时，每隔2天，应将水池彻底清洗1次，并用石灰水洗涤1次。

②*冷排冷却* 这种冷却设备是用不锈钢或镀锡金属排管组成。奶从上部分配槽底部的细孔流出，形成薄层，通过冷却

器的表面再流入贮奶槽中。冷剂(冷水或冷盐水)从冷却器的下部自下而上通过冷却器的每根排管,以降低沿冷却器表面流下的奶的温度。

③*浸没式冷却法* 这种冷却器轻便、灵巧,可以插入水池、贮奶槽或奶桶里冷却。

④*片式热交换器冷却法* 是由许多不锈钢片压制的带有一定纹路的薄片组成。当这些薄片被重叠压紧时便构成了两个通路,一个是牛奶通路,一个是冷水或热水通路。当进行冷却时,牛奶冷剂(冷水)从两个方向在各片中间流动,使牛奶在两片之间与冷剂进行热交换,可在数秒钟内使奶温降至接近冷剂的温度。这种热交换器既可使用冷水或其他冷剂对牛奶进行冷却,又可使用热水或蒸汽对牛奶进行加热,是一种多用途而效率高的热交换器。

(4)贮存 冷却后的奶应尽可能保存在低温处,以防止温度回升。由于冷却只能暂时停止微生物的活动,当奶温逐渐回升时,微生物又开始活动。所以,奶在冷却后,应低温保存。奶的保存时间与贮存温度的关系如表7-2所示。

表7-2 奶的保存时间与保存温度的关系

奶的贮存温度(℃)	奶的保存时间(小时)
10~8	6~12
8~6	12~18
6~5	18~24
5~4	24~36
2~1	36~38

上表说明,要延长牛奶的保存期,必须降低牛奶的贮存温度。一般认为,牛奶在4.4℃条件下保存是确保牛奶质量的最

佳温度。

(5)运输 奶的运输不当,往往会使奶的质量下降。牛奶在运送途中要防止温度升高,特别是在气温高的季节。运送时间最好安排在夜间或早晨,并用隔热材料将奶桶覆盖好。奶桶须彻底清洗,严格消毒。桶盖内要有橡皮垫,亦应清洗消毒。装奶后应将桶盖盖严。防止掺入污物或向外洒奶。不得用不洁的碎布、泡沫塑料做桶盖衬垫。运输途中要防止激烈震荡,因此装奶时宜将奶桶装满并盖严,车辆行驶要平稳,防止颠簸。

在奶源分散的情况下多采用奶桶运奶,但这种方法,在运输途中无法防止奶温上升,而且奶桶的清洗、消毒需要大量的人工和消耗较多的消毒蒸汽;而且由于搬运频繁,奶桶的损坏率高,维修费用高,而且奶桶总重量大,奶桶间间隙大,不能充分利用运输工具、提高了运输成本。利用奶槽车运奶可克服上述缺点,有条件的乳品厂应采用奶槽车运奶,虽然一次投资较大,但可保证奶的质量,降低人工和设备损耗费用。

5. 原料奶应符合哪些质量要求?

凡用于进行加工消毒或加工其他奶制品的牛奶称为原料奶,又称鲜奶或生奶,即从健康奶牛刚挤下的,未经加热消毒的新鲜乳汁。原料奶的质量对保证消毒牛奶和各种乳制品的质量至关重要。为了保证原料奶的质量,应注意以下要求:①由健康牛只挤得的新鲜乳汁。②分娩后 7 天的初奶及干奶前 15 天内产的末乳不得收纳。③不得含有肉眼可见的机械杂质。④具有纯粹新鲜的滋味及气味,不得有异味(饲料味、苦味、臭味、霉味、涩味等)。⑤形状为均匀无沉淀的流体,呈浓厚黏性者不予收纳。⑥色泽应呈白色或稍带微黄色,不得呈红色、绿色或显著的黄色。⑦酸度不超过 20^{0}T(个别地区条件特殊者,可使用不高于 22^{0}T 的鲜奶)。⑧脂肪含量大于 3.2%,非脂固体物大于 8.5%。⑨不得使用防腐剂。

6. 怎样检验牛奶的新鲜度?

检验牛奶新鲜度目前在生产上应用较多的有以下方法。

(1)酒精检验 用一干净试管加入 2 毫升样奶,再加入 2 毫升 70%酒精溶液,凡产生白色絮片者为酒精阳性乳,表明酸度在 20^{0}T 以上,均按不合格处理。这种检验方法是根据牛乳的酸度不同,加入酒精后酪蛋白产生凝结的情况不同,来确定牛奶的新鲜程度。产生的絮片越大、越多,表明奶的酸度越高,新鲜度越差。

(2)加热法 取 5 毫升奶样于清洁试管中,在酒精灯上加热,煮沸 1 分钟,产生絮片或发生凝固,表明该乳样已不新鲜,酸度在 23^{0}T 以上。这一方法是通过加热检验奶的酸度来判断牛奶的新鲜度。奶的酸度与奶凝固温度的关系如表 7-3 所示。

表 7-3 奶的酸度与奶凝固时温度的关系

奶的酸度(^{0}T)	凝固时的温度	奶的酸度(^{0}T)	凝固时的温度
18~22	煮沸不凝固	50	加热至 40℃时凝固
26~28	煮沸时凝固	60	22℃时自行凝固
30	加热至 77℃时凝固	65	16℃时自行凝固
40	加热至 60℃时凝固		

(3)酸度测定 新鲜牛奶酸度为 16^{0}T~18^{0}T,酸度在 19^{0}T 以上时,新鲜度随之降低。测定方法是用吸管取 10 毫升样奶于三角瓶中。加入 20 毫升蒸馏水和 0.5%酚酞指示

剂 2～3 滴，摇匀后，用 0.1 摩尔/升氢氧化钠溶液滴定，边滴定边摇动三角瓶，直至出现微红色在 1 分钟内不消失为止。将所消耗的氢氧化钠毫升数乘以 10，即为该奶样的滴定酸度。例如，某样奶滴定消耗氢氧化钠 1.8 毫升，该奶样酸度为 18^{0}T，为新鲜奶的正常酸度。

7. 怎样加工消毒水牛奶?

消毒牛奶是以新鲜牛奶为原料，经净化、灭菌、装瓶(或装袋)后，直接供应消费者饮用的商品奶，又称灭菌鲜奶，一般均为当天饮用。随着生产技术的改进，消毒奶已能在常温下保存数月不变质。广东南海水牛乳品加工厂已生产水牛消毒奶上市销售，质量好，很受消费者欢迎，但数量不多，销售面不广。

消毒牛奶的加工工艺流程是：

原料奶的验收→过滤或净化→标准化→均质→灭菌→冷却→灌装→封盖→装箱→冷藏

(1)原料奶的验收 这是保证消毒奶质量的关键一环。必须把好原料奶的验收关。检验的主要项目有奶的色泽、气味、温度、比重、酒精试验、酸度、脂肪含量、细菌数(直接镜检)、杂质等。凡不符合标准的奶，不能作为消毒牛奶的原料。

(2)过滤或净化 对验收合格的原料奶进行过滤或净化，以除去奶中的尘埃和杂质等。

(3)标准化 根据我国食品卫生标准规定，消毒牛奶含脂率为 3.0%。因此，凡不符合此标准的奶都必须进行标准化。目前国家尚未制定水牛奶的标准。水牛奶浓厚、干物质含量高、营养丰富、质量要求应高于此标准、乳脂率应不低于 7%

为宜，但价格也相应提高。

调整原料奶的含脂率，使其符合规定的要求，达到3.0%的标准，一般采用皮尔逊法进行计算。如乳脂率为2.9%的原料奶1000千克，用含脂率为25%的稀奶油，配成3.0%的标准乳，添加入稀奶油的量为：先绘方块图

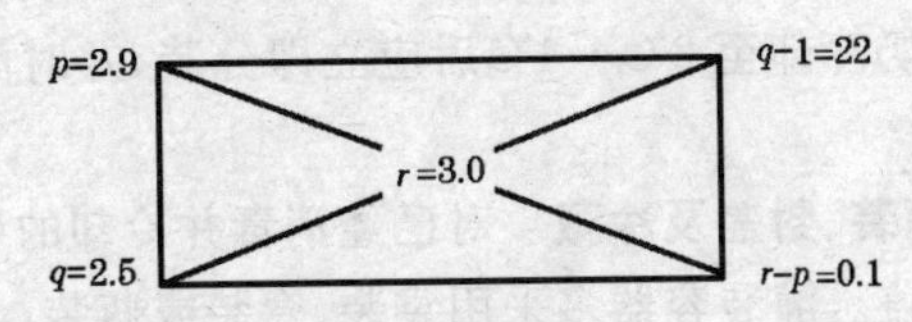

设x为需要加入的稀奶油数量，则x∶1000＝0.1∶22

x＝4.55（千克）

如果原料奶中的乳脂率高于3.0%，则可用含脂率较低的脱脂奶进行标准化，计算方法同上。

(4)均质 就是使奶中的脂肪球通过机械的强力作用，破碎成细小的脂肪球，均匀地分布在奶中，防止脂肪球上浮，并提高奶的消化吸收率。因水牛奶脂肪球颗粒大，易于上浮，更需进行均质。

(5)杀菌 其目的是尽可能杀灭存在于奶中的病原菌及绝大部分杂菌，保证饮用安全，同时使消毒鲜奶能保持一段时间而不变质。通常采用以下几种灭菌方法。

①低温长时间灭菌法 也叫巴氏低温灭菌法，即加热到61.5℃～65℃，保持30分钟。这种方法需时较长，杀菌效果不够理想，现已很少采用。

②高温短时灭菌法 灭菌温度75℃，维持3～5分钟；或85℃、15秒钟；或90℃、数秒钟。由于温度提高，杀菌效果也提高，省时、省工，适用于大规模生产操作。此法现已被广泛采用。使用的设备为转鼓式杀菌器、管式杀菌器及片式热交

换器等。

③**超高温瞬时灭菌法**　也称超沸点瞬时灭菌法，是将奶加热至130℃～150℃，保持0.5～2秒钟。此法可将奶中绝大部分微生物杀灭，是灭菌比较完全的一种方法。

(6)冷却　为了延长奶的保存时间，杀菌后仍需及时进行冷却。将奶冷却至2℃～4℃后应立即分装，及时配送给消费者。

(7)灌装、封盖及冷藏　对已经消毒并冷却的牛奶应及时灌装与封盖。灌装容器多采用袋装、盒装或瓶装。如用瓶装，在分装前用洗瓶机将瓶(各地多采用容量250毫升的玻璃瓶)进行清洗和消毒。方法是先用45℃～50℃的温水清洗1次，再用60℃～65℃的碱水(用0.5%～1.5%氢氧化钠溶液)浸泡洗涤后，用40℃～50℃的温水清洗1次，除去碱液，最后用漂白粉配制的有效氯含量为300毫克/升左右的氯水进行消毒。消毒后即可分装。分装大多采用自动装瓶机和封瓶机，并与洗瓶机直接连接，由传送带从洗瓶机送到自动装瓶机，在传送带沿圆周转动时，分装乳头落到瓶内，装满奶后继续传送到封装机，用纸盖将奶瓶封好，随后加封纸罩。封好的奶瓶传送到输出台，自动装入箱内。

消毒奶经灭菌后仍有少量微生物和耐热乳酸菌和枯草干菌等存在，加之在灌装过程中奶温回升，为了保证奶的品质，在灌装完成后，应及时转入冷库冷藏。由于奶不能冷冻冷藏，因此冷库的最低温度不能低于－1℃，一般要求为0℃～7℃。

8. 国内有哪些地方风味的水牛奶制品？

广东省利用水牛奶加工制作的地方风味奶制品主要有以

下几种。

(1)奶 豆 腐

原料:新鲜水牛奶,食盐。

制作方法:奶和盐按 5∶1 配合搅拌,加热至 80℃～90℃,切忌沸腾,保持 10～15 分钟,使之凝固完全而成块状。待冷却后划成小块置入装有饱和盐水的广口瓶中,可保持 3 日不变质。

每千克鲜水牛奶可制成 1～2 千克的奶豆腐,味香,营养丰富,为佐粥之佳肴。

(2)奶 饼

原料:新鲜水牛奶,食盐,食用白醋。

制作方法:先制作饱和盐水。按 1∶2 将食盐加入水中煮开,冷却备用。每千克鲜奶加 300 毫升水,混合加热至40℃～50℃,始终保持此温度备用。取 1 匙奶倒入含有 10 毫升食醋的小杯中,当即凝成小团,将此团放入已准备好的印模,用力将水压出,即成饼状。把压好的奶饼放入备用饱和盐水中浸泡,几秒钟后变硬,即制成水牛奶饼。将奶饼置入广口瓶内,并加入少量备用饱和盐水,可保持 6 个月不变质。

每千克鲜水牛奶可加工 160～240 片奶饼。保存期长,味香且营养丰富,为煲粥佳品。

(3)双 皮 奶

原料:新鲜水牛奶,鸡蛋清,白糖。

制作方法:奶、蛋清、糖,按 1∶0.25∶0.2 准备。鲜奶加糖,加热至起泡,倒入小碗,冷却置入冰箱冷冻数小时。然后取出将碗中奶皮拨一小洞,将冻奶倒出,奶皮留入碗内。将冻奶与搅拌后的鸡蛋清和糖混合均匀,分装到有奶皮的小碗中,用间接加热法蒸煮 15 分钟,即可食用。

每千克鲜奶可制作10碗。此品奶蛋味浓，营养丰富，食之馨香可口。

(4)凤凰奶

原料：新鲜水牛奶，鸡蛋黄，白糖。

制作方法：将鲜水牛奶与白糖按1∶0.2比例配合搅拌均匀，盛入小碗内，再加入1～2个蛋黄，间接加热蒸煮15分钟，即可食用。加1个蛋黄叫单黄凤凰奶，加2个叫双黄凤凰奶。此品特点是具有奶蛋特殊风味，香滑可口。

(5)凤城炸牛奶

原料：鲜水牛奶，生粉，鹰粟粉，食盐，味精，面粉，生油，泡打粉，水。

制作方法：制备牛奶糕。将鲜牛奶，生粉，鹰粟粉，按1∶0.1∶0.1，食盐、味精适量，先用少量奶与上述配料混合搅拌，然后混入剩余的奶后倒入热锅中煮沸，随即转微火慢慢翻动使之凝固，铲入食盒模具中抹平，冷后放入冰箱凝结成块，用时切成骨排状，即牛奶糕。将面粉、生油、泡打粉、水按0.3∶0.2∶07适量调成糊状(脆浆)备用。食油烧开，将切好的奶糕蘸匀脆浆，放入油中炸至金黄色即可，起锅食用。此品松脆，香滑可口。

(6)姜汁奶

原料：新鲜水牛奶，老生姜，白糖。

制作方法：每千克新鲜奶加200克白糖和200毫升冷开水或冷水，搅拌均匀，煮开后冷却至60℃左右备用。将备用奶倒入含有姜汁的碗中(1茶匙姜汁可供1.5千克备用奶)，3～5分钟凝固后即可食用。香滑可口，健脾胃，防感冒。每千克鲜奶可制作姜汁奶10碗。

八、水牛场的建设与管理

1. 怎样选择水牛场的场址?

牛场的场址是否合适,是办奶牛场的关键之一。选择场址,必须与当地的农牧业发展规划、农田建设规划以及住宅道路规划结合起来,通盘考虑,并注意以下几个方面的要求。

(1)位置适当 水牛场的位置应该选择离饲料生产基地和放牧地较近、交通、供电、供水方便的地方。牛场地址的选择应该远离化工厂、农药厂、造纸厂、水泥厂、皮革厂、屠宰场、肉品畜产品加工厂。一般要求与其他畜牧场、居民区的距离保持 300～500 米,距离铁路和主要的公路 300 米以上。牛场应该远离沼泽地,因为沼泽地常常是寄生虫和蚊虻积聚的场所。

(2)地势高燥 牛场场址应选在地势高燥、背风向阳、空气流通、土质坚实、地下水位低、排水良好、具有缓坡的地方。地下水位应该在 2 米以下,无洪水淹没或山洪危害。如果是坡地,则应该是向阳坡(向南或东南),坡度以不超过1%～3%为宜。平原沼泽一带的低洼地,阴冷潮湿。丘陵山区峡谷则阳光不足,空气流通不畅,均不利于牛体健康和正常生产作业,缩短建筑物的使用年限。高山山顶虽然地势高燥,但风势大,气温变化剧烈,交通运输也不方便。因此,这类地方都不宜修建牛场。

(3)地形开阔 牛场地形要开阔,不要过于狭长和太多边角。地形过于狭长，会影响场内建筑物的布局，拉长作业线。边角太多则场界太长，不利于防疫。此外，场地应充分利用自然地貌，用原有林带、树林、山岭、沟谷、河川等作为天然屏障。

(4)土壤无污染，土质适宜　牛场场址的土壤应清洁未被污染。同时，应避免在有地方病的地区建场。人和家畜的地方病，多半是土壤中某些元素过多或者缺乏引起的，因此选址时要了解当地是否有地方氟病（氟骨症与氟斑牙）、地方性甲状腺肿（缺碘症）或地方性硒中毒等。牧场场地的土质以壤土最为理想，这类土壤通气性、透水性好，毛细管作用弱、蒸发慢、导热性好。

(5)有良好的水源　牛场场址或附近应该有水量充足、水质良好的水源，以满足人、畜饮用以及生产清洁用水的需要。一般情况下，每头牛每天的需水量，包括饮水、清洗用具、洗刷牛体和牛舍等，需0.1吨左右。同时，还应考虑取水方便。牛场污水不可污染水源，便于卫生防疫。如利用地下水，需在建场前打井，了解水质和水量，并合理选择取水位置。通常泉水的水质较好，而溪、河、湖、塘、水库等地面水，则最好经过净化处理后饮用。

(6)面积充足　牛场场址应有足够的面积，能满足规划的需要，并有充足的发展余地。

121. 水牛场内如何布局？

牛场内各种建筑物的配置应本着因地制宜和有利于科学管理的原则，合理布局，统筹安排。做到整齐、紧凑、提高土地利用率和节约基本建设投资，有利于提高劳动效率，便于防疫和防火安全。

(1)牛舍 必须安置在场内中心，便于与其他设施联系又有利于防疫安全的地段，既便于饲养管理，缩短运输距离，又有利于采光和避风的地方。修建数栋牛舍时，应该采取长轴布置，当牛舍超过4栋时，可实行并列布局，前后对齐，相距10米以上。在牛舍周围和舍与舍之间、牛舍与其他建筑物之间都需要规划好道路。

(2)饲料仓库和加工调制车间 应建在运输饲料比较方便、车辆可以直接到达饲料仓库门口，并距离牛舍、水塔较近的地方。

青贮窖建在牛舍附近，便于运输和取用的地方，但必须防止牛舍及运动场的污水渗入青贮窖中。干草库或干草棚应建在距离房舍50米以外的地方，且在下风方向。

(3)场部办公室和职工宿舍 应该建在距离牛舍较远的地方，外来联系工作人员或者职工家属工作生活方便，且进去不穿过牛舍的地区，同时应考虑在牛舍的上风方向。

(4)排水设施和贮粪池 牛每天排粪量为体重的7%～9%，合理设置排水系统，保证及时清除这些污物和污水，是防止舍内潮湿和保持良好的空气质量的重要措施。

粪尿池设在牛舍外、地势低洼处，且应在运动场相反的一侧，距牛舍外墙5米，一般由砖、沙、水泥砌成。池的容积为20～30米^3，能贮存20～30天的粪尿。粪尿池必须离饮水井100米以外。

由牛舍粪池沟到粪尿池之间设地下排水管，粪尿沟与地下排水管的衔接部分设水漏（或称降口），在降口安放铁篦子，以防止粪草落入，堵塞地下排水管。在降口下部，地下排水管以下，应形成一个深入地下的延伸部，称为沉淀井，用以沉淀粪水中的固形物，防止管道堵塞。在降口处可设水封，以防止粪池中的臭气经由地下排水管进入牛舍内。沉淀井中的杂质应定期清除。地下排水管向粪尿池方向应有3%～5%的坡度。如果地下排水管自牛舍外墙至粪尿池的距离超过5米，应在墙外修一检查井，以便在管道堵塞时疏通。

场内排水系统，多设置在道路两旁及运动场的周围。一般采用斜坡式排水沟，以尽量减少污物积存及被人、畜损坏。排水沟用砖、沙、水泥砌成，为方形明沟，沟深不应超过30厘米，沟底应有1%～2%的坡度，上口宽30～60厘米。

(5)绿化 牛场绿化，可以调节场区小气候、净化空气、美化环境，还可以起到防疫隔离和防火等作用。对牛场的绿化应该进行统一的规划和布局，并根据当地的自然条件，因地制宜进行设计。在牛场场界的四周种植场界林带，以乔木和灌木混合林为好。特别是场界的北面和西面，应加宽混合林带，宽度宜在10米以上，一般至少种5行。场内各功能区，如生产区、住宅区及生产管理区四周可种植2～3行树，作为场区隔离林带，以乔木和灌木混合林为好，以便切实起到隔离作用。场内外道路两侧种植1～2行树冠整齐的乔木或亚乔木。在运动场南边和西边种1～2行遮荫林，牛舍及其他建筑物四周也应适当种树。

由于各地气候和土壤情况差异很大，树种应根据当地条件而定。

3. 牛舍类型及内部设备有哪些?

由于各地气候不同，牛舍的建筑形式也不一样。目前，我国多采用拴系式饲养方式，能做到个别饲养，区别对待，容易观察母牛发情；疾病可得到及时处理或治疗。拴系饲养牛舍建筑形式、内部排列方式和设备分述如下。

(1)牛舍建筑形式 按屋顶形式分，有钟楼式、半钟楼式、双坡式3种(图8-1)。

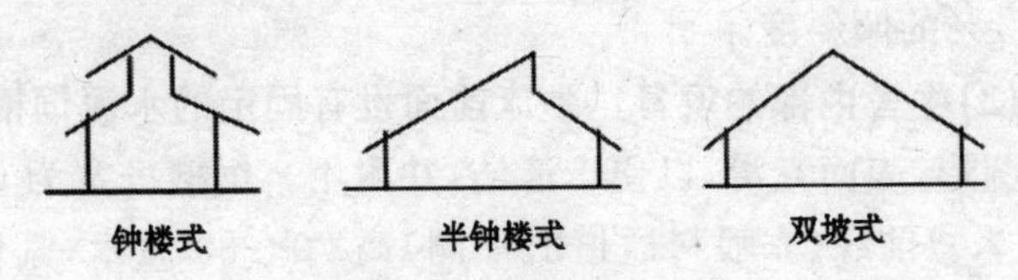

图8-1 牛舍屋顶形式

钟楼式与半钟楼式牛舍通风换气好，适于南方气温高的地区，但耗料多、造价高，并且窗子的开关和卫生清理不方便。双坡式屋顶可用于较大跨度的牛舍，为增强通风换气可加大舍内窗子的面积。冬季关闭门窗，有利于保温，牛舍建筑施工较便利，造价低，采用这种形式的较普遍。

(2)牛床的排列 牛舍内牛床的排列方式，视牛数量的多少而定，分双列式，单列式、四列式等。牛群在20头以下的可采取单列式，20头以上的可以采用双列式。在双列式中又分为尾对尾和头对头两种形式，以尾对尾式应用较广。因牛头对窗，有利于吸取新鲜空气，冬季利于照射阳光，减少疾病的传染，避免粪便污染墙壁。但分发饲料时稍有不便。头对头式的优缺点，正好与尾对尾相反。

对尾式牛舍内部中央有一条通道，即粪道，宽150～165厘米。粪道的两旁设置粪尿沟，宽30～40厘米，微向暗沟方向倾斜，以利于排水。每侧墙壁有喂料通道，宽约120～130厘米。

牛床位于饲槽与粪沟之间，有长形和短形两种。长形牛床适用于种公牛，附有较长的活动铁链。这种牛床的长度，自饲槽后缘至粪尿沟为195～225厘米、宽130～160厘米。短形牛床，适用于母牛，附有短链，牛床长 160～170 厘米、宽 120～135 厘米。为了防止牛只相互侵占牛床，可在牛床间安装钢管隔栏，其长度为牛床长度的 2/3。牛床地面应向粪尿沟有 1%的倾斜度。

(3)牛舍内部的设备 牛床前面设有固定的水泥饲槽，槽底为圆形，表面光滑，以便于清洁，并耐用。饲槽净宽为 60～80 厘米。前缘(靠喂料通道的一侧)高 70～80 厘米，其作用是防止牛采食时将饲料抛撒出去。饲槽后缘(靠牛床的一侧)高 40～50 厘米，短形牛床用低饲槽，高度 20～30 厘米，中央有月牙形缺口，以利于牛只卧下时头部放在饲槽的后缘上。为避免抢食和传播疾病，应在饲槽间安装一活动的隔板。饲槽的一端或两端设水龙头和排水孔，便于冲洗饲槽和饮水。

自动饮水器安装在每头牛的饲槽旁边，离地面约 50 厘米，由水碗、弹簧活门和开关活门的压板组成。当牛饮水时用鼻镜按下压板，亦即压住活门的末端，内部弹簧被压缩，活门打开，输水管的水便流入水碗。饮毕，活门借助弹簧关闭，水即停止流入水碗。

每栋牛舍均设运动场。成年牛每头占地面积 15～20 米^2，育成牛 10～15 米^2。运动场的栅栏要求结实，用钢管最好，美观、耐用，高度为 120～150 厘米。运动场的地面应保持一定的坡度，以利排水。运动场中设置凉棚和饮水槽。凉棚地面应采用三合土硬化地面，略高于运动场，棚顶以防热性能好的材料为宜。凉棚面积按每头牛 2～4 米^2 计算。

4. 牛场应建立哪些规章制度?

制订合理的规章制度，是提高牛场生产管理水平、调动职工积极性的重要环节。一般牛场都建有以下几种规章制度。

(1)岗位责任制 使每个工作人员都明确其职责范围,有利于生产任务的完成。

(2)分级管理分级核算的经济体制 充分发挥各级组织,特别是基层班组的主动性,有利于增产节约,降低生产成本。

(3)奖惩制度 合理的奖惩制度可激发员工能动性和创造性,领导应以身作则,一视同仁。

(4)各项技术操作规程 使各项工作有章可循,有利于相互监督,检查评比。

各项技术操作规程是贯彻科学养牛,提高技术水平的重要措施。主要有以下几项:①种公牛的饲养管理操作规程。②挤奶牛饲养管理操作规程。③犊牛及育成牛饲养管理操作规程。④牛奶处理室管理操作规程。⑤饲料加工操作规程。⑥卫生防疫操作规程。

各项操作规程的内容,应根据生产实际情况拟定,文字应简明扼要。由场长宣布执行,定期检查,形成制度。

5. 怎样搞好牛场的环境卫生?

牛场既要建在无环境污染的地区,又要防止对环境的污染。牛场的粪尿、污水、各种消毒药水以及牛的疾病排泄物,如病原微生物、寄生虫卵等污染的粪、尿、分泌物、血等都可造成环境污染。因此,对牛场的环境卫生管理极为重要。既要防止外界环境污染对牛场的影响,也要严格控制污染物的排放,污染外部环境。做好牛场的卫生防疫,可采取以下措施。

(1)妥善处理粪便 一个牛场,每天排的粪尿量很大,平均每头成年牛日排粪尿量约 40 千克,如处理不当会污染环境，危害人畜健康，处理得当则可化害为利、变废为宝。对粪尿的处理与利用有以下途径。

①用作肥料　我国农村将粪尿经过腐熟后作为肥料，施用于农田。常用的方法为腐熟堆肥法。即将粪便集中堆好，外表涂上稀泥，令其自然发酵。此法能杀灭粪便中的病原微生物及寄生虫卵。粪便经腐熟后无臭，不招惹苍蝇。

②生产沼气　利用粪便发酵产生沼气，提供能源，沼气渣是高效、无污染的肥料。

③用作饲料　沼气渣可用作饲料。也有将牛粪经烘干消毒处理后，掺入饲料中饲喂畜禽。但牛粪中营养物的含量很低，且处理的费用较高，在经济上并不划算，不如做肥料好。

(2)采取行之有效的卫生护护措施　如在牛场四周修建的高围墙或坚固的防疫沟，以防止场外人员和动物进入场内，同时也可以防止场内的污染物排到场外。场内各区域之间，也可以设置小的防疫沟或围墙，结合绿化种植隔离林带，定期对牛舍和牛场进行清理消毒。在牛场进出口或各区域之间的通道或牛舍的入口处，设相应的消毒设施，如车辆消毒池，人的脚踏消毒槽或喷雾消毒室、紫外线消毒室、更衣换鞋间等；及时清除舍内粪便、保持舍内及场区各处干燥、清洁，填平坑洼地，粪池加盖、粪堆上覆盖土，以防止蚊蝇滋生。除以上经常性工作外，尚应定期喷洒杀虫剂。使用电气灭蝇灯也是灭蝇的有效手段。

6. 如何制订母牛群的配种产犊计划？

母牛群的配种产犊计划，是制订牛场全年产奶计划的依据，根据这一计划可以掌握全群母牛干奶日期、预计分娩日期以及计划配种日期的分布情况，从而统计分析全群母牛各月产奶动态、产犊数、配种母牛数。制订本计划时，应事先准备好以下资料：全场每头成年母牛上年度分娩配种受胎记录；预计本年度能投入配种的育成母牛的系谱，出生日期、体重等资料；计划本年度淘汰的成年母牛头数及时间；牛场对配种产犊季节是否进行调控，饲养管理条件及牛群生产性能和健康状况。

配种、产犊计划表如表 8-1 所示。

表 8-1 ____年度母牛产犊配种计划表

牛号 \ 月份	1	2	3	4	5	6	7	8	9	10	11	12	合计
本月产犊数													
本月计划配种数													

说明：①根据上年度配种记录，将已配种受胎的成年母牛，分别填入表内。预计产犊月份，沼泽型水牛以受胎月减1，江河型水牛以受胎月减 2 计算预产期，用“☆”号填入表内。产后 2 个月为计划配种日期用“○”符号填入表内月份栏内。

如 001 号母牛为沼泽型水牛，受胎月份为上年度 7 月，那么预产期为 7－1＝6，即为 6 月，以“☆”记入月份栏内。计划配种日期安排在产后 2 个月，即为 8 月，以“○”记入栏内即可。又如 002 号为江河型水牛，受胎月份为上年度 11 月，那么预产期为 11－2＝9，即为 9 月，计划配种日期为 11 月，分别以“☆”、“○”号记入栏内。其他成年母牛均按上述方法依次填入表内。

②已经列入本年度内计划淘汰的母牛，不列入表内，但已经妊娠计划在本年内产犊后淘汰的母牛，列入表内，填明产犊月份，但不列入配种计划。如 003 号母牛为杂交水牛，受胎月份为上年度 5 月，其预产期为 5－2＝3，即为 3 月，以“☆”记入月份栏内，由于这头母牛年龄较大，产量低，已计划进行淘汰，故不再安排配种。

③将上年度已经配种受胎的育成母牛分别列入栏内，预计产犊月份，以“☆”号记入月份栏内，亦按产后 2 个月为计划配种日期，以“○”号记入月份栏内。如 051 号育成母牛为沼泽型水牛，受胎月份为上年度的 3 月份，预计产犊日期为 3－1＝2，即本年度 2 月份，以“☆”号记入月份栏内，计划配种日期为 4 月，以“○”号记入月份栏内。

④将本年度投入配种的育成母牛根据年龄确定配种日期，分别以“○”号填入表内的月份栏内。如 052 号育成母牛，根据年龄和身体的发育情况计划在 5 月份投入配种，即以“○”号记入月份栏内，其他育成母牛均依此填入表内。

⑤分别统计各月份产犊数和计划配种母牛数，分别填入本月份产犊数和本月计划配种数母牛数栏内。

⑥如果牛场母牛数很多，可按照牛舍分别编制计划，然后汇总即可。

7. 怎样制订母牛产奶计划?

产奶计划是牛场组织生产、销售、制订饲料计划、财务计划和进行劳动管理的重要依据,每个牛场每年都必须根据牛场群情况和市场情况制订每头牛和整个牛群的产奶计划。

为了保证计划的可靠性,在编制产奶计划前,须掌握母牛的年龄、胎次、以往的泌乳成绩、最近产犊、交配日期、预定干奶期和预产期等情况。编制产奶计划步骤如下。

(1)编制产奶计划表 计划表应包括母牛号,品种,胎次,上个泌乳期产奶量,本泌乳期计划产奶量,本年计划各月产奶量及干奶、分娩日期等。如表8-2所示。

表8-2 ____年母牛产奶计划表

母牛号	品　种	胎　次	上个泌乳期产奶量	本泌乳期计划产奶量	各月计划产奶量及干奶,分娩日期												合计
					1	2	3	4	5	6	7	8	9	10	11	12	
全年合计																	

(2)填表 将母牛号、品种、胎次,上个泌乳期产奶量分别填入表内。

根据上年度配种、受胎情况或本年度产犊、配种计划表,推算出分娩日期和干奶日期,并填入表内。

(3)确定本泌乳期产奶量 根据上个泌乳期产量、胎次、母牛体况以及水牛各胎次产奶量的变化情况等(表 8-3),确定本泌乳期计划产奶量。

表 8-3 水牛各泌乳期产奶量变化 (%)

胎 次	1胎	2胎	3胎	4胎	5胎	6胎	7胎	8胎	9胎	10胎
沼泽型水牛	76	85	95	100	95	85	80	70	65	60
江河型水牛	85	95	100	90	80	70	60	50	40	30

根据观察研究,沼泽型水牛奶量最高胎次为第四胎,江河型水牛产奶量最高胎次为第三胎,以最高泌乳期产奶量为100%,其他各胎次产奶量均有下降。如 001 号沼泽型水牛,已产第三胎,预计本年度产犊期为 6 月,计划干奶期为 4~5 月,上年度 7 个月实际产奶为 671 千克,全泌乳期预计可产奶 800 千克,余下本年度 3 个月尚可产 130 千克。按第四胎比第三胎可多产奶 5%计算,本胎次泌乳期计划产奶量可定为 840 千克。

(4)计算各泌乳月计划奶量 根据水牛各泌乳月产奶量占全泌乳期产奶量的百分比,计算各泌乳月计划产奶量。如 001 号母牛预产期为 6 月,计划本泌乳期产奶量为 840 千克。可按表 8-4 计算各泌乳月产量。

表 8-4 水牛各泌乳月产奶量占总产奶量的百分比

泌乳月	1	2	3	4	5	6	7	8	9	10
占泌乳期产奶量(%)	16	15	13	12	10	9	8	7	6	4

按表 8-4 计算 001 号母牛第一个泌乳期计划产奶量为 840×16%=134.4 千克。第二个泌乳月为 840×15%=126

千克，依次类推，计算完以后，填入年度产奶计划表。上个泌乳期余下 3 个月计划产奶量在本年度继续完成，也填入本年度 1、2、3 月份计划。

按上述方法分别制定每头牛全年计划产奶量和各泌乳月产奶量，依次填入计划表，最后统计全年各月计划产奶量和全年计划产奶量。

8. 怎样编制牛场饲料计划?

编制饲料计划根据场内各类牛群的饲养头数和各类牛群的饲料消耗定额进行计算，步骤如下。

根据全年各类牛群的变动情况，如淘汰、购入、产犊等，计算各类牛群的饲养头日数，如种公牛 2 头，在第四季购入 1 头，那么种公牛饲养头日数即为 365×2＋90＝820 头日。其他各类牛群，均按年度变动计划，分别计算头日数。各类牛群的头日数，分别乘以其日饲料消耗定额，即为各类牛群的饲料需要量。然后把各类牛群需要该种饲料的总数相加，再增加 5％～10％的损耗量，即为该种饲料的全年总需要量。将各类牛群饲养头日数及饲料计划量填入下表。

表 8-5　年饲料计划表

饲料 / 牛别	平均饲养头数	年饲养头日数	精饲料		粗饲料		青贮料		青绿多汁饲料		食盐		骨粉		牛奶	
			定额	小计	定额	小计	定额	小计	定额	小计	定额	小计	定额	小计	定额	小计
成年公牛																
成年母牛																
育成公牛																
育成母牛																

续表 8-5

饲料 牛别	平均饲养头数	年饲养头日数	精饲料		粗饲料		青贮料		青绿多汁饲料		食盐		骨粉		牛奶	
			定额	小计	定额	小计	定额	小计	定额	小计	定额	小计	定额	小计	定额	小计
公犊牛																
母犊牛																
总计																
计划量																

注：表内计划量是以精饲料、食盐、石粉、牛奶增加 5% 的损耗，粗饲料、青贮饲料、青绿多汁饲料增加 10% 的损耗计算所得

九、水牛常见病的防治

1. 如何做好水牛疫病防治工作?

水牛的抗病性很强,很少发病,但也不能放松对疫病的防治。以免造成重大的经济损失。做好水牛疫病的防治,应树立"以防为主"、"防重于治"的理念,做好以下工作。

(1)做好水牛场的消毒 水牛场除了做好平时的防疫消毒,如在牛舍门前和牛场进出道路口设置消毒池,内放1%~2%的烧碱水进行消毒外,应在春、秋两季各做1次全场彻底的消毒工作,即全场范围内清除粪尿和各种垃圾,都应该彻底清扫,不留死角。清扫干净后,用10%的石灰水或1%~2%的烧碱水(氢氧化钠溶液)进行喷洒,对牛舍内外、粪池周围、粪尿池、路边、各种饲养用具等,都应仔细喷洒消毒液。对病畜粪尿污染过的地方更应彻底消毒。

消毒应选择晴天进行,全场动员,在1天内消毒完毕,以免影响牛场日常饲养管理。喷洒消毒液时,消毒员应戴好橡皮手套、橡皮围裙、护眼镜和口罩等,以防灼伤皮肤和眼睛。

(2)做好引进牛群的检疫和隔离观察 牛场内常常需要引进种牛,以丰富牛群的遗传性,防止近亲繁殖,提高牛群的品质和生产性能。对引进的牛群应进行检疫和隔离观察。检病的对象是各种慢性传染病,如结核,布氏杆菌病和当时社会上已经发生的重大传染病。检疫有产地检疫和引入牛场进行的检疫。引进后应隔离观察1个月,定时检查牛的体温、脉搏，观察牛的食欲、大小便情况和精神状况等，未发现有异常，方可准予合群饲养。

(3)定期对主要的流行传染病进行免疫注射 我国过去水牛曾发生过的流行性传染疫有牛炭疽病、牛出败（出血性败血病）、牛口蹄病，现已很久未见报道，牛流行性感冒、牛布氏杆菌病（流产病）、牛结核病等，水牛的感染率或发病率很低。牛炭疽病可用炭疽芽孢苗，牛出败可用氢氧化铝加权菌苗，口蹄疫可用口蹄疫弱毒疫苗进行预防注射。布氏杆菌病可在配种前2个月用“羊型5号”冻干菌苗进行防疫注射，牛结核病可在1月龄用卡介苗进行预防注射。注射何种疫苗，可根据当地曾发生过什么流行病的实际情况确定，有针对性地进行防疫注射。注射时应严格照操作规程进行，严格掌握好剂量，不可超量或漏注，以保证防疫效果。

(4)做好常见病的防治 水牛常见病在农村散养的条件下，以消化道疾病、寄生虫病和中毒疾病较多，挤奶水牛则以乳房疾病、子宫疾病较为常见，多数因饲养管理、挤奶技术和人工授精技术不良所引起。因此，对水牛常见病预防重点，应侧重改进饲养管理、提高挤奶技术和人工授精技术。

2. 怎样给水牛进行健康检查？

(1)体温检查 在检查牛的体温前，适当控制和保定牛。检查人员站在牛的正后方，一手握住牛尾稍托起，充分暴露肛门。一手拿好兽用体温计，把体温计内的水银柱甩到35℃以下，涂抹凡士林等润滑油于水银柱的顶端，轻轻插入肛门内，经3～5分钟取出，用酒精棉球擦净体温计上的粪便和黏液，再读数。水牛的正常体温为37.0℃～38.5℃，黄牛为

37.5℃～39.5℃。超过规定温度，就是体温升高（发热）。水牛在刚使役、放牧、运动、饲喂之后，应休息10分钟后再行检查体温。

(2)脉搏检查 检查脉搏的部位是在尾根部腹面的正中尾动脉。方法是：检查者站在水牛正后方，左手握住牛尾的后1/3处，用右手食指和中指轻轻按在尾根腹面正中的尾动脉上（离尾根一掌以下的腹面），用拇指压在尾根部的上面，可触到尾动脉的跳动，如感觉不明显，可调整手指按压的轻重或部位。水牛的正常脉搏数是每分钟公牛38.7(32～50次)、母牛45.5(35～60)次。检查脉搏可在检查体温时进行。

(3)呼吸检查 进行呼吸检查时，检查人站在牛的后方，观看腹部的起伏动作。高起1次，就是1次吸气，伏下1次，就是1次呼气。这样一起一伏，即为1次呼吸。也可以观看牛鼻翼的扇动和呼出的气体，由此计算每分钟的呼吸次数。水牛正常的呼吸数是每分钟13～14次，公牛12.5(9～18)次，母牛13.6(10～18)次。呼吸数的增加，多见于一些肺部、胸部、心脏、胃肠等炎症疾病。

(4)反刍 俗称"倒沫"或"倒嚼"，是水牛及牛的瘤胃运动反射的表现。水牛采食饲料后，通常很快就进行反刍，1昼夜进行8次左右，反刍时间为7～8小时，每次持续时间平均为40～50分钟。发生疾病时，反刍会受到干扰。反刍正常是健康的表现。

(5)瘤胃蠕动 瘤胃俗称"草肚子"占据整个腹腔的左侧。检查时，可用手掌触诊瘤胃，以判明其蠕动情况。方法是把手掌贴在左肷部（左腰旁窝，又叫左饥窝），瘤胃蠕动时，就会有鼓起的感觉，每鼓起1次，即蠕动1次，水牛每分钟1～1.5次。若遇有瘤胃积食、臌气、弛缓或饥饿时，蠕动就会减弱或次数减少，甚至停止。同时，检查排粪情况，是否有便秘或腹泻以及粪便的颜色、气味等，以了解水牛的消化是否正常。

3. 怎样防治水牛瘤胃臌气？

(1)病因 瘤胃臌气或称臌胀病是由于水牛采食易发酵饲料，瘤胃内快速蓄积大量气体，压迫肺部，引起呼吸困难的一种疾病。

冬季长时间饲喂干草，春季突然改为放牧，因大量贪食，而青草在瘤胃内发酵产生大量气体。另外，吃入腐败变质的饲草、有毒植物、大量的新鲜豆科牧草（苜蓿、豌豆藤、紫云英、三叶草等）和带露水的青草，都会引起臌气。

(2)防治方法 在春季放牧前，先喂少量干草。开始转入放牧时，限制放牧时间，不要让牛吃得太饱，逐步延长放牧时间，并防止采食大量豆科牧草。春、秋放牧，要防止采食大量露水草。不给牛喂发霉变质的饲草。

发现瘤胃臌气时，应赶快停止放牧，把牛牵到前高后低的斜坡地方，用干草把或麻袋在牛左侧腹部凸起部反复摩擦，每次10～15分钟，每隔20分钟1次，帮助排出气体。也可用手打开牛的口腔，不断将其舌头提出放回，使牛吐气。或在木棒或草绳上涂点油，横放在口腔，两头固定在牛角上，使牛舌不断在木棒上搅动，以放出气体。或用萝卜籽500克、大蒜头200克，搅碎后加麻油250毫升，调匀灌服，可抑制发酵产气。农村有用煤油250毫升进行灌服，效果也很好。

臌气严重时，可用套管针（包括针管和针芯）或大号长针头在左腹部穿刺放气。方法是在穿刺部把毛剪掉，用碘酊消毒后，用左手拇指和其他指分开紧紧按压在穿刺的地方。右手持套管针，垂直刺入瘤胃内（如皮太厚，针不容易插入时，可用刀尖在皮肤上开一小口，然后插入套管针），固定针管，拔出针芯，慢慢放气（用拇指按住针管口，放放停停），千万不能放得太快，否则容易引起血压突然下降而死亡。排气完毕，可先插入针芯，再拔针管。为了避免放气后继续臌气，可在放气后，用鱼石脂 15～20 克或松节油 30～40 毫升，加适量温水溶化稀释后，由套管针口注入，制止胃内容物发酵。

4. 怎样防治水牛瘤胃积食？

(1)病因　瘤胃积食也称宿草不转，主要是由于采食过多的粗干饲料或容易在瘤胃内吸水膨胀的饲料，如大豆、豌豆和禾谷类等。劳役过度、饮水不足、长期缺乏运动等都会引发瘤胃积食。尤其是冬季舍饲、运动不足、长期喂干的秸秆类饲料，加上饮水不足，发病最多。

(2)症状　病初食欲减退、反刍减少或停止，拱背、后肢踢腹，不断回头看腹部、站立不安，时卧时立、卧地时一般采用向右侧横卧姿势。用拳头按压瘤胃，感到坚实像沙袋一样，放手时多半遗留压痕，按压时牛表现疼痛。病情严重时，腹围显著增大、呼吸用力短促、脉搏次数增多。最后四肢战栗，走路不稳，有时躺卧呈昏睡状态，直至死亡。

(3)防治方法　在病初绝食 1～2 天，经常饮水，按摩瘤胃，并牵遛散步。绝对避免喂粗硬难以消化的饲料。

药物治疗，以腹泻、促消化、排泄为主。可用硫酸钠（芒硝）500～1000 克溶入 5 升的温水中灌服。或用蓖麻油（也可用其他植物油代替，用量稍多一点）200～1000 克灌服。另用 10%氯化钠注射液 250～500 毫升静脉注射，对提高瘤胃功能有良好的作用。农村有用烟叶 300 克,加水 2000 毫升煮成红色,再用陈醋 500 毫升,一次灌服。病情严重、用药无效时,考虑进行瘤胃切开术,取出胃内容物。

5. 怎样防治水牛重瓣胃阻塞?

(1)病因 重瓣胃阻塞俗称百叶干。主要是由于饲喂粗硬或粉状干饲料太多,饲料内混有泥沙,或因过度劳役和饮水不足引起。前胃运动功能发生障碍,重瓣胃收缩能力减弱,使得胃内容物不能运送到真胃,水分被吸收而引起阻塞。

(2)症状 此病的主要特征是排粪减少,粪便干硬带黑色如算盘珠。粪球外面包有黏液,切开粪球,可见颜色深浅不匀,而且分层排列,以后就发展到排粪停止。病情严重的卧地不起,鼻镜干燥,食欲、反刍停止,甚至体温升高,呼吸和脉搏增加,精神极度沉郁,脱水,以至死亡。

(3)防治方法 药物治疗以排除胃内容物和增强重瓣胃的运动功能为主。可采用下列泻药,如用芒硝 500～1000 克溶于大量温水内,或用液状石蜡 1000～2000 毫升,或植物油 500～1000 毫升灌服。若把芒硝和油类混在一起,比单用一种药物效果更好些。用以上药物无效时,可接着应用新斯的明注射液皮下注射,用量 4～20 毫克。也可直接向重瓣胃内注射生理盐水或硫酸钠。方法是在牛的右侧第十肋骨前缘的肋骨末端上方 3～4 指处,将细套管针插入重瓣胃内,然后注入 25%硫酸钠溶液 200～400 毫升或生理盐水 3 000 毫升。用 10%氯化钠注射液 200～300 毫升,安钠咖注射液10～20 毫升,每日 1 次静脉注射,有较好效果。

中药治疗可用芝麻麦仁汤有一定的效果。方法是先用芝麻 500～1000 克磨碎，用白萝卜汁 2500～5000 毫升调匀灌服，再用去壳的大麦仁煮沸自饮或灌服，同时停喂草料。治疗后，粪便颜色慢慢变淡，就是好转的标志。若为慢性阻塞而还有食欲时，可喂给胡萝卜叶或青菜叶，每天约 10 千克，喂 1 周左右，对通畅阻塞有好处。

6. 怎样防治水牛创伤性网胃炎？

(1)病因 创伤性网胃炎俗称铁器病。是由于吃进混入饲料内的尖锐物，如铁钉、铁线或钢丝、缝针和玻璃碎片等而发病。当牛吞入尖锐物后，随着饲料进入网胃内。由于网胃容积小，收缩力强，使尖锐物刺入网胃壁或穿透胃壁，造成心、肺、肝、脾等器官的损伤，尤其容易引起创伤性心包炎。

(2)症状 病牛食欲和反刍减少或废绝，瘤胃常臌气，蠕动减弱。由于网胃疼痛，病牛站立时肘关节向外开张，肘头肌肉颤抖。下坡、左转弯、走路、跨沟以及起卧时表现疼痛。用拳头顶压(或用杠向上抬压)网胃(在胸底部即剑状软骨左后方)，病牛表现躲避，有疼痛反应。一般体温、呼吸和脉搏没有明显变化。若并发急性腹膜炎或创伤性心包炎时，体温升高，呼吸、脉搏加快。最终多数死亡。

(3)防治方法 关键是清除饲料内的杂质。粉料和谷类饲料进行筛滤，饲草切短，条件许可时可用金属探测器进行检查。发现胃内有金属物时，用金属清除器把它吸引出来。

药物治疗只能缓解和减轻疼痛，不能根治。最好尽早确诊，进行瘤胃切开手术，取出金属物，能够取得良好的效果。

7. 怎样防治水牛便秘？

(1)病因 便秘俗称结症，水牛便秘多发生在冬天，由于单纯饲喂粗饲料，如豆秸、麦秸、稻草、红薯藤等而又饮水不足所引起。夏季一般是由于劳役过度，体弱及其他热性病继发。挤奶牛主要是由于长期饲喂大量精饲料，使肠道负担过重，干扰肠的正常活动，或由于舍饲不经常运动所造成。肠道蠕动减弱，肠内容物大量停留在肠道内，使得肠管扩张，排粪停止，而出现腹痛。成年牛多出现这种疾病，老年牛容易发生。有些新生犊牛由于分娩前胎粪积聚肠内，也可能在分娩后引起便秘。

(2)症状 病牛不吃、排粪少，鼻干燥，腹痛、不断屈曲后肢做蹲伏姿势，甚至卧地不起。以后瘤胃轻度臌气，脉搏和呼吸浅快，肛门紧缩，在肛门内的肠壁上附着有干燥碎小的粪屑。

(3)防治方法 经常喂给多汁青绿饲料，合理搭配粗饲料。饲喂要定时定量，合理使役，在农忙、暑热季节、出汗太多时，注意补充饮水，冬季舍饲时多运动。

病牛要停止喂料1～2天。在用药治疗的同时，要不断喂给足够饮水。药物治疗以下泻为主，可用硫酸钠(或硫酸镁)500～1000克溶于4～8升温水中灌服，并用大量肥皂水深部灌肠。对于顽固性便秘，可在灌服液状石蜡1000毫升后10～12小时，皮下注射新斯的明(4～20毫克)或毛果芸香碱50～150毫克，能提高治疗效果。新生犊牛便秘，可由肛门直肠注入60～100升液状石油或30毫升甘油，隔几小时1次。

中药用通便汤内服，也有一定效果。用方：大黄150克，麻仁 250 克，枳实 100 克，厚朴 50 克，醋香附 100 克，木香 50 克，木通 50 克，连翘 45 克，栀子 50 克，当归 50 克，加水适量，煎 30～60 分钟后纱布过滤，再加入芒硝 400 克，乳香 35 克，没药 35 克，神曲 150 克。煎汁，候温灌服。

8. 怎样防治水牛腹泻?

(1)病因 腹泻是指排粪频繁，次数比正常增多，粪便稀薄如粥状、泥状或水样。主要是肠道受到某种刺激后蠕动增强，使肠道内的食糜和水分来不及吸收，就排出体外的结果。一般轻度短暂的腹泻多半是突然更换饲料，特别是由干草突然更换成青草，或采食冰冻、腐败、发霉的草料和喂给品质不良的饮水而发病。严重的顽固性腹泻，表现肠黏膜发生炎症，往往是由于细菌、病毒和寄生虫侵袭引起，如出血性败血病、犊牛大肠杆菌病、沙门氏杆菌病和肝片吸虫病等。

(2)症状 病初食欲减少或废绝，口渴，精神沉郁，不断腹泻如粥状和水样，有恶臭，内含未消化的饲料，排出的粪便污染尾毛和后肢。腹泻长久不止，病牛会逐渐消瘦，肚腹缩小。一般体温、呼吸和脉搏正常。若体温、呼吸、脉搏增数，就要考虑是否有病菌或病毒感染。若粪便带有血液，考虑是否胃肠出血。这些症状就不同于一般消化不良而引起腹泻的范围了。

(3)防治方法 一般性的腹泻，在病初使牛绝食 1 天，以后喂给少量容易消化、营养丰富、无刺激性的饲料，如品质优良的青干草、麸糠等。夏季可喂给品质优良的青草，并勤喂饮水。冬季饮用温水，以免冰水刺激肠胃。病愈后慢慢改喂常规饲料。

腹泻是水牛对肠道内各种刺激物的一种防御性反应，通过腹泻把刺激物迅速排出体外。因此，在腹泻早期，不宜急于使用止泻药物，要用一般轻泻药（如芒硝、蓖麻油等）来帮助排除肠道内的有害物，有害物排尽后，腹泻即可停止。对严重而持续的腹泻除了对各种病因采取不同治疗方法外，还要注意给病牛补液，以防脱水和酸中毒。

9. 怎样防治水牛发霉稻草中毒？

（1）病因 由于收割季节多逢阴雨天，稻草未干即堆垛，使霉菌大量繁殖，特别是镰刀菌，牛吃了这种发霉的稻草就会引起中毒。

（2）症状 此病一般发生在冬季和早春。开始没有明显的症状，当霉稻草饲喂时间较长，约1个月后，就会出现短期的体温升高，达到40.1℃～40.5℃，被毛无光泽，搔痒脱毛，严重者背部及后躯被毛脱光，皮肤溃裂，病牛耳尖呈干性坏疽，尾端呈轮状干性坏疽，渐渐离尾尖6～10厘米处坏死而断离。病牛步态僵硬，出现跛行。初期出现一肢或四肢蹄冠及系部发热、肿胀、疼痛。随着病的进程，疼痛加剧，卧地不起。肿胀处变凉，流出淡黄色或淡红色液体，蹄冠及系部皮肤出现裂痕，溃烂出血、化脓、蹄壳脱落，卧地不起，病程可达几个月。

（3）防治方法 禁止用发霉的稻草喂牛。用0.1%的高锰酸钾溶液冲洗四肢肿胀溃烂处，防止细菌感染。保持栏圈内清洁干燥。多喂青饲料和补充精饲料。静脉注射5%糖盐水3000～4000毫升。

10. 怎样防治水牛有机磷农药中毒?

(1)病因 有机磷农药是农村应用广泛的杀虫剂之一,对人畜的毒性也很大,如使用不当,防护不周,容易造成人、畜中毒。尤其是在喷洒农药后不久的田埂、地边放牧,或给牛驱除体虱、治疗疥癣、驱除蚊蝇时,用法不当、剂量过大、管理疏忽等,都易造成中毒。

(2)症状 中毒病牛突然发病,流涎、流泪、口角有白色泡沫,瞳孔缩小,视力减弱或消失,排尿次数增多或水泻。多数病牛表现狂躁不安,步态不稳,肌肉战栗,呼吸困难和气喘等。严重的病牛表现全身麻痹,昏迷以至死亡。

(3)防治方法 要做到农药由专人保管,使用农药时,要严格按照规程和注意事项进行操作。对牛体进行驱虱、杀虫、治疗疥癣等,要严格防止牛舔食,让牛头向着迎风方向站立,最好给牛带个嘴笼。不要在施用农药后的邻近地区放牧或池塘里饮水。

如牛已中毒,应尽快用药物治疗,如用阿托品解毒,其剂量应高于一般规定剂量的 2～3 倍,为 50～200 毫克,每隔1～2 小时 1 次,反复给药,以巩固疗效。同时,静脉注射解磷定或肌内、静脉注射氯磷定,每千克体重用量 15～30 毫克。治疗期间可根据病情配合使用补液(如糖盐水)和强心药(如安钠咖注射液,剂量按说明使用)。30 分钟后,再注射 1 次,如症状不减轻,每隔 1 小时注射 1 次,稍加大药量。病牛流涎停止,瞳孔恢复放大,呼吸症状减轻,痉挛消失,说明药物奏效,病情好转。

11. 怎样防治水牛棉籽饼中毒？

(1)病因 棉籽饼含有丰富的营养物质，是家畜补充蛋白质的优良饲料，但含有有毒物质棉酚。当用量不当或长期过量用棉籽饼喂牛，也会发生中毒。

(2)症状 中毒时，轻者腹泻，胃肠发炎，重者粪尿混带血，尿频。粪色暗、异臭、并混有黏液。腹痛加剧，先便秘，后腹泻。精神不安，反刍减少或停止。食欲减退或废止。精神沉郁、嗜睡，常出现视力减退或严重障碍，尿闭、肢肿、心肺衰竭，口多涎。未及时治疗的重病牛多引发休克、脱水致死。妊娠母牛轻度中毒时有贫血及流产发生。

(3)防治方法 当出现中毒症状时，应立即停止饲喂棉籽饼，用0.1%～0.3%的高锰酸钾液洗胃。实行饥饿疗法，并以300～600克的硫酸镁对温水灌服，以加速胃肠内剩余毒物排出体外。后用鞣酸蛋白15～25克灌服，以免脱水。还可用小麦、玉米面粉或藕粉煮成稀粥灌服。

用25%葡萄糖注射液1000毫升，10%氯化钙注射液100～150毫升静脉注射。

以上方法为补救措施，对棉籽饼中毒目前还无特效疗法，应以预防为主：一是控制喂量。棉籽饼的日喂量不超过1.5千克，犊牛不喂。二是改进饲喂方法。采用间断饲喂棉籽饼的方法，每饲喂2～3周以后停喂1周。或将棉籽饼加水蒸煮1～2小时，可以减低毒性。或以0.1%～0.2%硫酸亚铁溶液浸泡2～3小时，捞出后与其他饲料按一定比例拌匀做成配合料再喂。

12. 怎样防治水牛尿素中毒?

(1)症因 用尿素作为牛的蛋白质补充饲料,应用已越来越广,但喂量过多、方法不当也会引起中毒。尿素又是农田氮肥,如保管不当、被牛偷食,也可引起中毒。

(2)症状 尿素中毒发生很快,食入尿素后 0.5～1 小时即可发病,表现兴奋不安、惊叫,呼吸加快或变缓,有时向前急促碰撞,痉挛、战栗、时紧时慢,流涎量大,从鼻、口中流出,出汗,粪尿失禁,腹痛,最后瞳孔放大、呼吸衰竭、窒息死亡。

饲喂含有尿素的日粮后,若出现便秘、腹泻交替发作,食欲下降,精神异常,呼吸加快等现象,要警惕尿素中毒,及时采取措施。

(3)防治方法 病初可服泻剂。口服抗生素,以便抑制消化道细菌,减少氨的产生。酸化胃内容物,可灌服乳酸等酸性液或食醋 0.5～1.5 升,日灌服 1～2 次。也可试用硫代硫酸钠溶液,静脉注射以解毒。

预防尿素中毒应以控制喂量,采用正确的方法饲喂为主。每头牛的日用量 70～100 克为安全,分 3 次将尿素拌在混合料中喂给,不要溶在水中饲喂,日粮中需有足量的能量物质,饲喂后,不可立即给牛饮水,40～60 分钟后方可饮水。当日粮中蛋白质含量能满足牛的需要时,不要使用尿素。犊牛、妊娠母牛以及老龄牛不饲喂尿素。

13. 怎样防治犊牛蛔虫病?

(1)病因 犊牛蛔虫病是由一种新蛔虫寄生在 6 月龄以

内的犊牛小肠内，引起腹泻或死亡的疾病。犊牛新蛔虫形如蚯蚓，带黄白色，表面光滑，长20厘米左右。妊娠母牛采食了污染新蛔虫卵的饲料后，虫卵在体内移动，经胎盘感染胎儿。犊牛出生后几天，就有蛔虫寄生。

(2)症状 犊牛吃奶减少或废绝，腹泻、很快消瘦，甚至死亡。镜检粪便，可发现蛔虫卵。

(3)防治方法 搞好母牛和犊牛的清洁卫生。对排出的粪便要堆积发酵2～3周，才可作为肥料。

经过粪便检查，发现蛔虫或蛔虫卵后可用驱蛔灵(哌嗪)，按每千克体重200～250毫克一次灌服进行驱虫，或用左旋咪唑，按每千克体重8毫克灌服，有较好的疗效。

14. 怎样防治犊牛球虫病?

(1)病因 球虫病是由球虫寄生在肠道上皮细胞内引起发病，以腹泻为主要症状，犊牛(0.5～2两岁)最容易感染。

球虫在肠道内形成卵囊，随粪便排出体外，镜检时可见到球虫卵囊，为椭圆形，中间有一团卵囊质。排出体外的卵囊，很容易污染饲料，牛采食被污染的饲料就会感染此病。

(2)症状 病牛表现为腹泻，粪便中带有血脓，甚至带有红黑色的血凝块。病牛食欲不佳、贫血、很快消瘦，最后衰弱死亡。

(3)防治方法 注意做好牛舍的清洁卫生，病牛排出的粪便要立即清除。每天更换干净垫草，供给清洁的饮水和干净的饲料。用磺胺二甲基嘧啶，每千克体重用药0.1克，每天1次灌服，连续1～2周。也可用上药配合酞磺胺噻唑，每千克体重0.18克，灌服，连用3天，比单用1种药效果好。

15. 怎样防治血吸虫病?

(1)症因 血吸虫病是一种人兽共患的寄生虫病,应特别引起重视,加强防治。在各种家畜中,奶牛较水牛容易感染。水牛的感染率为3%~5%。血吸虫寄生在人、畜的肝门静脉或肠系膜的血管内,形状如线,雌雄异体,常合抱在一起,虫体长2厘米左右。寄生在血管内的雌虫产卵后,虫卵的一部分随血液流到肝脏内,另一部分随血液进入肠道,随粪便排出体外。虫卵落入水中,孵化成毛蚴,然后钻入中间宿主钉螺(幼虫寄生的宿主)体内,发育成尾蚴。尾蚴离开钉螺后,在水中游动。当接触到人、畜的皮肤时,钻入其体内。随着血液的流动进入肝门静脉管内,发育为成虫。

(2)症状 水牛感染血吸虫后,体质慢慢瘦弱,食欲减退,消化不良,发育迟缓,腹泻或粪便混血,最后极度衰弱死亡。

(3)防治方法 要以预防为主,管理好病牛粪便,粪便堆积发酵后用作肥料。结合农田建设,消灭钉螺的滋生环境,或在水沟、渠道、水塘旁撒上石灰,消灭钉螺。搞好安全放牧,避免在有钉螺的沟渠、水塘边放牧。

对已感染的病牛,可选用以下药物进行治疗。

硝硫氰胺(750S):牛每千克体重2毫克,水牛为1.5毫克。每天1次,缓慢进行静脉注射。

锑273:分为甘油注射液和中速片2种。甘油注射液总用量,水牛为每千克体重20毫克,黄牛12毫克,每天1次肌内注射,分5天注射完。中速片只适用于黄牛,总用量每千克体重1000~1200毫克,每天灌服1次,分5天用完。

16. 怎样防治水牛肝片吸虫病?

(1)病因 肝片吸虫病是由肝片吸虫寄生在水牛肝脏胆管内所引发的肝脏疾病。它可以使病牛发生全身性中毒或消化以及营养紊乱的症状,对水牛危害比较大。这种虫体扁平,如柳叶状,长 20～35 毫米,寄生在肝脏胆管内。虫卵随胆汁进入小肠内,与粪便一同排出体外,入水后孵化为毛蚴,在中间宿主锥实螺体内发育成尾蚴。尾蚴离开螺体后,附着于草上,发育成囊蚴。当牛采食附着有囊蚴的牧草后进入小肠,穿过肠壁和肝脏进胆管内寄虫,发育成成虫。

(2)症状 感染此病的病牛发育迟缓,消瘦,贫血,眼结膜苍白,眼睑、下颌间隙、前胸下垂部出现水肿,被毛粗乱无光,食欲减退,最后极度衰弱死亡。剖检在胆管里有大量肝片吸虫。

(3)防治方法 预防方法是避免水牛到有锥实螺的水边和低洼地放牧、饮水,以免食入囊蚴而感染此病。每年春、秋雨季各驱虫 1 次,以消灭虫体和虫卵。防止虫卵流入水中。牛粪经过堆积发酵后,再作肥料。用茶籽饼、硫酸铜和石灰等撒在沟渠、池塘周边以及低洼地区,消灭中间宿主锥实螺,切断传染媒介。

对病牛可用药物治疗。硫氯酚(别丁),按每千克体重 40～60 毫克,口服。或用拜耳 9015(硝氯酚),按每千克体重 5～8 毫克,口服。疗效比较显著,没有不良反应。中药用:贯仲 20 克,槟榔 50 克,泽泻 20 克,龙胆草 20 克,共研成粉末,冲水灌服。

17. 怎样防治锥虫病？

(1)病因 锥虫病是由伊氏锥虫寄生在家畜体血液内所引起的原虫病。虫体很小，形似柳叶，存在于红细胞中，可以镜检到。牛、水牛、马等均可感染此病。

此病通过吸血昆虫（牛虻、厩蝇）传播。这种病危害严重，常常造成大批牛死亡。

(1)症状 病牛表现间歇性发热，体温升高至40℃以上，2～3天后，体温恢复正常，1周后体温再度上升。这样经过几次反复发作后，病牛显著贫血、消瘦、眼结膜苍白、流泪，食欲减退，四肢和胸前下垂部水肿，耳部和尾部干枯，最后瘫痪死亡。

(3)防治方法 扑灭吸血昆虫，切断传播媒介。加强检疫，防止病牛混进健康牛群内，引起传播。对病牛加紧治疗，防止成为传染源。治疗可以用以下药物：①血虫净（贝尼尔）粉剂：每千克体重用药3.5～5.0毫克，用蒸馏水配制成5%注射液，臀部深层肌内注射，每天1次，连续3天。②国产205（那加诺）：用生理盐水配制成10%注射液静脉注射，每千克体重水牛用量为15～20毫克，黄牛为12～15毫克。③安锥赛（安锥息）：每千克体重用药3～5毫克，用生理盐水配制成10%注射液肌内注射。

18. 怎样防治疥癣病？

(1)病因 疥癣又叫癞，是一种接触感染性皮肤病，是由一种细小的疥螨寄生在皮肤内引起的。这种寄生虫背腹扁平，卵圆形，白色或浅黄色。肉眼不易发现，用低倍显微镜才能检查到，它们寄生在皮下形成的隧道中，雌虫在里面产卵，卵孵出幼虫，幼虫又另外掘一条新的渠道，在里面蜕化成稚虫，稚虫再蜕化成成虫。

(2)症状 水牛疥癣多发生在头部，特别是眼眶、咀嚼肌肉部分和颈部一带。开始时形成小秃斑，表面盖有灰白色鳞屑，病牛表现极痒，以后结成痂块，皮肤变厚，并逐渐蔓延到胸部、垂皮、腹部和尾部。由于皮肤受到破坏，加之奇痒，病牛长期得不到休息，因而表现食欲减退、衰弱和消瘦等症状。

(3)防治方法 及时将病牛和健康牛分开，消毒清洗病牛床和用具，并彻底清除和烧毁垫草，更换新垫草。对病牛进行治病时，先剪去患疥癣部位的被毛，用肥皂水洗净皮肤，再用以下方法治疗：①用 0.5%～1%敌百虫溶液，每天在患部涂擦 1 次，或用喷雾器喷晒患部。治疗时防止牛舐患部的敌百虫液而中毒。②用烟草末 1 份，水 20 份，浸泡 1 昼夜，再煮沸 30 分钟，过滤后涂擦患部，注意不使药水流入眼内和鼻孔内。③用硫磺 1 份，棉籽油 9 份，混匀后，涂擦患部。

19. 怎样防治牛虱和牛蜱？

(1)牛虱 是一种吸血寄生虫，肉眼可以看到，虫体长2～3 毫米。牛虱吸血时分泌一种唾液，使牛身局部发痒，由于擦痒使被毛脱落或皮肤受到损伤，病牛不安，严重时影响采食和休息，牛虱多寄生在皮肤的皱褶处，如颈下、后裆等处。防治可用疥癣防治法。

(2)蜱 俗称壁虱或牛鳖，蜱的种类很多，有硬蜱（体表较硬，暗褐色）、软蜱（无硬甲、体软）等。蜱的雄虫有如虱子样大小，而雌虫在吸血后虫体可胀大到黄豆、蓖麻籽样大小。当蜱叮咬牛只时，引起皮肤痒痛难忍，精神不安，因用力擦痒，常致皮肤擦伤。感染蜱的数量多时，牛体况消瘦、贫血。碑的发生季节多在6～9月份，在灌草丛中放牧最易感染，因虫体较大，很易发现。发现有蜱侵袭牛体时，尽快用1%～2%敌百虫药液喷晒寄生处的牛体表，每周1次，对牛舍墙壁可用0.33%敌敌畏溶液喷洒杀虫。圈舍消毒应注意牵出牛只，并保护草料，以防中毒。查清孳生蜱的牧地，避免到那些地方放牧。最好将孳生蜱的牧地进行翻耕播种。冬季可以用烧荒的办法灭蜱。

20. 怎样防治新生犊牛假死？

(1)病因 犊牛出生时，呼吸发生障碍或没有呼吸，但心脏还在跳动，此现象称为新生犊牛假死，又称新生犊牛窒息。发病原因是母牛分娩时产道狭窄，胎儿太大，胎位不正，加之助产不得法，耽误时间，或强行拉出胎儿等，都可能引起胎儿假死。另外，犊牛在产出时，脐带缠绕颈部，或胎盘过早脱离母体，使血液循环发生障碍，严重缺氧，也会造成假死。犊牛产出后，呼吸微弱、不正，间隔时间长。眼结膜发紫，舌头伸出口外，口和鼻腔充满胎水和黏液，心、脉搏跳动极快而微弱，严重时呼吸停止，全身松软，脉搏几乎不能触到，只能听到心跳。

发现犊牛假死应尽快用手和毛巾抹净口腔和鼻腔内的黏液和胎水，进行人工呼吸。方法是把犊牛放在前低后高的位置，采取仰卧姿势，一人屈膝，握住犊牛的两前肢，另一人坐在犊牛的旁边，用拇指抵在最后肋骨的下方，其余四指抵触腹壁。随着前肢的伸屈交叉进行开张和压迫胸壁的动作，如此反复，直到出现正常呼吸时为止。

21. 怎样防治犊牛白痢?

(1)病因 犊牛白痢由致病性大肠杆菌所引发,多发生在1周龄左右的犊牛。主要特征是腹泻,可以传染给其他犊牛。大肠杆菌普遍存在于自然界,主要存在于被粪便污染的地面、水草和饲料。通过乳汁进入犊牛胃肠内,成为潜在菌。当犊牛抵抗力降低或消化不良时诱发此病。犊牛初乳吃得不够,牛舍不清洁、拥挤和气候突变都会引发此病。

(2)症状 犊牛发病很快。最先发热,精神不好,吃奶减少或停止,几小时后开始腹泻,排淡黄色粥样粪便,很臭,后变成水样,呈淡灰白色,粪里含有血块、血丝和气泡。最后肛门松弛,自由脱出,污染腿胯。犊牛腹痛,不断用腿踢腹。由于腹泻造成脱水,使犊牛迅速衰竭,严重时卧地不起,以至死亡。

(3)防治方法 预防方法是对妊娠母牛和犊牛加强饲养管理,防止犊牛接触粪便和污水。对初生犊牛必须喂给足够的初乳。母牛乳头须保持清洁,经常用消毒水(如0.1%高锰酸钾溶液或0.5%新洁尔灭溶液)擦洗乳房和乳头。人工哺乳犊牛,应保证哺乳用具的清洁卫生和奶的新鲜卫生,注意奶的温度,不喂冷冻奶。

药物治疗可用,合霉素(剂量为氯霉素制剂的加倍量)等肌内注射。为了防止脱水,可用5%糖盐水静脉注射。中药方剂:白头翁100克、秦皮25克、炒黄芩25克、黄柏50克、甘草25克、木香10克、广陈皮5克,用水煎煮,分2~3次/日内服。

22. 怎样防治犊牛副伤寒？

(1)病因 犊牛副伤寒是由沙门氏菌属引起的传染病。多发生于1～3月龄的犊牛。主要特征是发生严重的胃肠炎，剧烈下痢。

病牛体内带有副伤寒菌，不断地由粪便排出，污染水源和饲料，健康犊牛食入后，就会发病。另外，管理不善，卫生不良，都可能引起本病。

(2)症状 1月龄的犊牛，发病急，症状严重。病初体温升高，脉搏增数，呼吸急促。几天后出现腹泻，粪便灰黄色或黄色，混有血液，恶臭难闻。犊牛很快衰弱，卧地不起，甚至死亡。慢性病可以转为肺炎和四肢关节炎等。

(3)防治方法 预防方法是，牛舍和用具保持清洁，定期消毒。防止犊牛舔吃污染的垫草或饮污水。对犊牛注射副伤寒菌苗，进行预防。

患病犊牛可用氯霉素或合霉素治疗，用法、用量与治疗犊牛白痢相同。也可用磺胺二甲嘧啶肌内注射(每千克体重用0.1克)，或用磺胺咪内服(首次用量每千克体重0.14～0.2克，维持量为每千克体重0.07～0.1克)。

23. 如何防治母牛胎衣不下？

(1)病因 母牛产后一般4～8小时后排出胎衣。若超过12小时没有排出时，就叫胎衣不下，是产后的一种常见病，尤其是舍饲母牛发病较多。由于产后子宫收缩无力，妊娠后期运动不足，营养不良(尤以饲料中缺乏钙盐或其他矿物质时更为严重），胎儿胎盘与母体胎盘部分或完全不能分离，造成胎衣滞留。

(2)症状 大多数胎衣不下的母牛，都有一部分带暗红色的胎衣垂在阴门外，如果时间太长，胎衣就容易被细菌污染，腐败发臭，引发败血性子宫炎。这时牛的体温升高，精神呆滞，食欲减少或废绝，产奶减少或停止。也有少数母牛产后胎衣完全留在子宫内，不露出在阴门外，时间太长，也会出现全身中毒或子宫发炎的症状。

(3)防治方法 加强饲养管理，增加妊娠母牛的运动和光照时间，注意钙、磷等矿物质和维生素 D 的补充，以增强牛的体质。产后立即在胎衣露出的部分系上 200～300 克重的柔软物，促使胎衣自己脱落。按摩乳房，使犊牛尽快吸吮初乳，增加哺乳次数，以帮助促进子宫收缩，排出胎衣。皮下或肌内注射脑垂体后叶注射液或催产素注射液，促使子宫收缩，剂量是 50～100 单位，并配合使用中药：当归 60 克，党参 30 克，五灵脂 60 克，生蒲黄 60 克，枳壳 30 克，益母草 70 克，共研成细末，开水冲调，候温灌服，效果较好。如分娩后 2 天胎衣仍然不下，应进行人工剥离。剥离时要仔细，防止损伤子宫，否则很容易感染和出血。剥离完全后，为了防止感染，可向子宫内注入抗生素或磺胺类药物。

24. 怎样防治母牛子宫内膜炎？

(1)病因 母牛在分娩时或分娩后期，细菌侵入子宫内引起，多见于产道创伤、难产、胎衣不下和子宫脱出后。配种时人工授精器械消毒不严、输精时操作不当等损伤了子宫壁；或分娩时消毒不严，也很容易引起感染。

(2)症状　病初精神不振，食欲减退，体温稍高，腹部膨大，不断努责。阴门流出恶臭水样或脓样黏液，灰白色或粉红色，有时还有腐臭的坏死组织小块，常黏附在阴门周围和尾根部。

(3)预防方法　产后母牛阴门及周围须认真清洗消毒。配种时，人工授精器械和外生殖器官要注意消毒，操作要规范，不损伤子宫壁。合理助产、及时治疗胎衣不下，也可减少此病的发生。

病牛应及时治疗，病初可给以治腐的药物，如用5%过氧化氢溶液、0.1%雷佛奴尔或0.5%金霉素等药液注入子宫，以达到抗菌消炎的目的。另外，可注射青霉素钠、青霉素钾(用生理盐水或注射用水配制成溶液肌内注射，每千克体重4000～8000单位)，或用复方磺胺－5－甲氧嘧啶注射液，用量为每千克体重0.015～0.02克。

中药治疗可用下述配方。

甲方：生地黄、熟地黄、当归、焦白术、醋香附、延胡索、五灵脂、吴芋、灵草、姜黄各25克，川芎15克，炒白芍，炒小茴香各30克，茯苓、赤芍各20克，共研末冲调，候温灌服。

乙方：白术、白芍、白芷、白扁豆、白糖各12克，共研末冲调，候温灌服。

25. 怎样防治母牛乳房炎?

(1)病因　乳房炎是母牛乳腺炎症，挤奶母牛比较多发。主要是由于牛舍、牛床、挤奶器具不清洁，使乳房感染细菌。饲喂浓厚饲料太多，乳腺泌乳突然增加，乳房过于膨大，也容易引起发病。

(2)症状 母牛乳房血管充血，乳房膨大发硬，触摸时感到疼痛，产奶减少或停止，乳汁稀薄，内含絮状物，有的还混有血液或脓液。严重时表现精神委顿，食欲减少或废绝、体温升高等症状。

(3)防治方法 牛舍、牛床要保持清洁，定期消毒。挤奶人员的手指、毛巾和挤奶用具等，必须清洗干净。挤奶前把奶头和乳房用温水洗净，并按摩乳房各部位。每次挤奶，都必须把乳房内的乳汁挤净。停奶后期或分娩前，特别是乳房明显膨胀时，要减少多汁青饲料和精饲料的喂量。

对患乳房炎的母牛，用湿热毛巾敷在发炎的乳房上，边敷边按摩，使乳房尽快顺利下奶。同时，每天适当增加挤奶1～2次。用青霉素、链霉素各100万单位，溶于40毫升蒸馏水中，用乳导管针注入发病乳房中，并用手指按住注人药液的乳头，轻轻揉搓乳房。发现体温升高时，可肌内注射青霉素钠或青霉素钾，每千克体重注射4000～8000单位。

用中药配合治疗，效果更好。急性乳房炎用金银花60克，连翘30克，当归尾、甘草、赤芍、乳香、没药、花粉、贝母各15克、防风、白芷、陈皮各23克，酒100毫升为引，水煎，灌服。慢性乳房炎用黄芪、当归、玄参各60克、肉桂5克，连翘、金银花、乳香、没药各30克，香附、青皮各15克，有硬结时加穿山甲10克，皂刺15克。煎水，一次灌服。

参 考 文 献

[1] Rao. M. K Nagarcenkar. 水牛的生产力. 农业科技译丛,1979(1),10.

[2] 中国科学技术情报研究所重庆分所编译. 水牛的饲养与保健[M]. 北京:科学技术文献出版社,1977.9.

[3] 韦文雅,童碧泉,黄海鹏. 中国地方良种水牛调查汇编[J]. 水牛技术资料,1980.9.1-17.

[4] 童碧泉,韦文雅,黄海鹏. 中国水牛资源调查. 中国农业科学[J]. 1985(5)63-69.

[5] 《中国水牛解剖》研究协作组. 中国水牛解剖. 湖南科学技术出版社. 1984.4.

[6] 邱怀. 科学养牛问答[M]. 北京:农业出版社,1990.2.

[7] 广西壮族自治区畜牧水产局,中国农科院广西水牛研究所. 第五届亚洲水牛大会学术论文集[J]. 中央编译出版社,2006.4.18-22.